全国科学技术名词审定委员会

公　布

科学技术名词·自然科学卷（全藏版）

19

生 理 学 名 词

CHINESE TERMS IN PHYSIOLOGY

生理学名词审定委员会

国家自然科学基金资助项目

科 学 出 版 社

北 京

内 容 简 介

本书是全国科学技术名词审定委员会审定公布的生理学基本名词，内容包括总论，肌肉和神经，中枢神经系统，感觉器官，血液及其他体液，循环，呼吸，消化和吸收，排泄，代谢、体温，内分泌、生殖生理，特殊环境生理学，实验仪器，共 13 大类、1670 条。部分名词有简明定义性注释。书末附有英汉和汉英两种索引，以利读者检索。这批名词是科研、教学、生产、经营、新闻出版等部门使用的生理学规范名词。

图书在版编目(CIP)数据

科学技术名词. 自然科学卷：全藏版 / 全国科学技术名词审定委员会审定.
—北京：科学出版社，2017.1
ISBN 978-7-03-051399-1

I. ①科⋯　II. ①全⋯　III. ①科学技术–名词术语 ②自然科学–名词术语
IV. ①N61

中国版本图书馆 CIP 数据核字(2016)第 314947 号

责任编辑：冯宋明 / 责任校对：陈玉凤
责任印制：张　伟 / 封面设计：铭轩堂

科学出版社 出版
北京东黄城根北街 16 号
邮政编码：100717
http://www.sciencep.com
北京厚诚则铭印刷科技有限公司印刷
科学出版社发行　各地新华书店经销
*
2017 年 1 月第　一　版　　开本：787×1092 1/16
2017 年 1 月第一次印刷　　印张：7 1/2
字数：191 000
定价：5980.00 元(全 30 册)
(如有印装质量问题，我社负责调换)

全国自然科学名词审定委员会
第二届委员会委员名单

主　任：钱三强

副主任：章　综　　马俊如　　王冀生　　林振申　　胡兆森
　　　　鲁绍曾　　刘　杲　　苏世生　　黄昭厚

委　员　(以下按姓氏笔画为序)：

马大猷	马少梅	王大珩	王子平	王平宇
王民生	王伏雄	王树岐	石元春	叶式煜
叶连俊	叶笃正	叶蜚声	田方增	朱弘复
朱照宣	任新民	庄孝僡	李正理	李茂深
李　竞	杨　凯	杨泰俊	吴大任	吴中伦
吴凤鸣	吴本玠	吴传钧	吴阶平	吴　青
吴钟灵	吴鸿适	宋大祥	张光斗	张青莲
张　伟	张钦楠	张致一	阿不力孜·牙克夫	
陈鉴远	范维唐	林盛然	季文美	周明镇
周定国	郑作新	赵凯华	侯祥麟	姚贤良
钱伟长	钱临照	徐士珩	徐乾清	翁心植
席泽宗	谈家桢	梅镇彤	黄成就	黄胜年
康文德	章基嘉	梁晓天	程开甲	程光胜
程裕淇	傅承义	曾呈奎	蓝　天	豪斯巴雅尔
潘际銮	魏佑海			

生理学名词审定委员会委员名单

序

科技名词术语是科学概念的语言符号。人类在推动科学技术向前发展的历史长河中，同时产生和发展了各种科技名词术语，作为思想和认识交流的工具，进而推动科学技术的发展。

我国是一个历史悠久的文明古国，在科技史上谱写过光辉篇章。中国科技名词术语，以汉语为主导，经过了几千年的演化和发展，在语言形式和结构上体现了我国语言文字的特点和规律，简明扼要，蓄意深切。我国古代的科学著作，如已被译为英、德、法、俄、日等文字的《本草纲目》、《天工开物》等，包含大量科技名词术语。从元、明以后，开始翻译西方科技著作，创译了大批科技名词术语，为传播科学知识，发展我国的科学技术起到了积极作用。

统一科技名词术语是一个国家发展科学技术所必须具备的基础条件之一。世界经济发达国家都十分关心和重视科技名词术语的统一。我国早在1909年就成立了科技名词编订馆，后又于1919年中国科学社成立了科学名词审定委员会，1928年大学院成立了译名统一委员会。1932年成立了国立编译馆，在当时教育部主持下先后拟订和审查了各学科的名词草案。

新中国成立后，国家决定在政务院文化教育委员会下，设立学术名词统一工作委员会，郭沫若任主任委员。委员会分设自然科学、社会科学、医药卫生、艺术科学和时事名词五大组，聘任了各专业著名科学家、专家，审定和出版了一批科学名词，为新中国成立后的科学技术的交流和发展起到了重要作用。后来，由于历史的原因，这一重要工作陷于停顿。

当今，世界科学技术迅速发展，新学科、新概念、新理论、新方法不断涌现，相应地出现了大批新的科技名词术语。统一科技名词术语，对科学知识的传播，新学科的开拓，新理论的建立，国内外科技交流，学科和行业之间的沟通，科技成果的推广、应用和生产技术的发展，科技图书文献的编纂、出版和检索，科技情报的传递等方面，都是不可缺少的。特别是计算机技术的推广使用，对统一科技名词术语提出了更紧迫的要求。

为适应这种新形势的需要，经国务院批准，1985年4月正式成立了全国自然科学名词审定委员会。委员会的任务是确定工作方针，拟定科技名词术语审定工作计划、实施方案和步骤,组织审定自然科学各学科名词术语,并予以公布。根据国务院授权,委员会审定公布的名词术语,科研、教学、生产、经营、以及新闻出版等各部门,均应遵照使用。

全国自然科学名词审定委员会由中国科学院、国家科学技术委员会、国家教育委员会、中国科学技术协会、国家技术监督局、国家新闻出版署、国家自然科学基金委员会分别委派了正、副主任,担任领导工作。在中国科协各专业学会密切配合下,逐步建立各专业审定分委员会,并已建立起一支由各学科著名专家、学者组成的近千人的审定队伍,负责审定本学科的名词术语。我国的名词审定工作进入了一个新的阶段。

这次名词术语审定工作是对科学概念进行汉语订名,同时附以相应的英文名称,既有我国语言特色,又方便国内外科技交流。通过实践,初步摸索了具有我国特色的科技名词术语审定的原则与方法,以及名词术语的学科分类、相关概念等问题,并开始探讨当代术语学的理论和方法,以期逐步建立起符合我国语言规律的自然科学名词术语体系。

统一我国的科技名词术语,是一项繁重的任务,它既是一项专业性很强的学术性工作,又是一项涉及亿万人使用的实际问题。审定工作中我们要认真处理好科学性、系统性和通俗性之间的关系;主科与副科间的关系;学科间交叉名词术语的协调一致;专家集中审定与广泛听取意见等问题。

汉语是世界五分之一人口使用的语言,也是联合国的工作语言之一。除我国外,世界上还有一些国家和地区使用汉语,或使用与汉语关系密切的语言。做好我国的科技名词术语统一工作,为今后对外科技交流创造了更好的条件,使我炎黄子孙,在世界科技进步中发挥更大的作用,作出重要的贡献。

统一我国科技名词术语需要较长的时间和过程,随着科学技术的不断发展,科技名词术语的审定工作,需要不断地发展、补充和完善。我们将本着实事求是的原则,严谨的科学态度作好审定工作,成熟一批公布一批,提供各界使用。我们特别希望得到科技界、教育界、经济界、文化界、新闻出版界等各方面同志的关心、支持和帮助,共同为早日实现我国科技名词术语的统一和规范化而努力。

全国自然科学名词审定委员会主任

钱 三 强

1990 年 5 月

前　言

生理学名词的统一和规范化,对生理学知识的传播,生理学文献的编纂、检索,以及国内外学术交流,都具有重要意义。

我国生理学界历来重视这项工作,中国生理科学会于 1926 年成立,1927 年出版《中国生理学杂志》(Chinese Journal of Physiology),六十多年来对我国生理学的发展和生理学名词的统一工作起着积极的推动作用。

新中国成立后,在政务院文化教育委员会领导下,设立了学术名词统一工作委员会。1950 年 8 月,学术名词统一工作委员会和中央卫生部聘请的生理学名词审查委员李铭新、沈霁春、赵以炳、蔡翘、张锡钧、侯宗濂、刘曾复、汪堃仁、孟昭威、鲁德馨等 15 位先生,审查了卫生部卫生教材编审委员会编订的生理学名词。当时的《生理学名词》,其正编以中文笔画排列;副编按英文字母顺序编排,收集生理学和巴甫洛夫学说词汇 3 600 条,于 1954 年正式出版。这是我国现代生理学名词统一和审定的一项重要工作。

三十多年来,生理科学迅速发展,新理论、新技术不断出现,相应地产生了许多新的生理学名词。随着国内外学术交流日趋频繁,出版的生理学书刊日渐增多,在名词使用上存在一些混乱现象,生理学名词的统一和规范化成为当务之急。

在全国自然科学名词审定委员会领导下,1987 年 11 月中国生理学会酝酿、协商成立生理学名词审定委员会,聘请著名生理学家冯德培、王志均、吴襄为顾问,梅镇彤任主任委员,陈宜张、邓希贤、陈国治为副主任委员,以及 28 名委员组成委员会,具体负责收选名词和审议核定工作。

1988 年 3 月,各位委员按系统完成名词初选工作,计 4 059 条。1988 年 5 月召开第一次生理学名词审定工作会议,对《生理学名词》初选稿逐条进行讨论,经删简、修改,整理出《生理学名词》征求意见稿 1 709 条,分别送给有关的高等院校和科研单位的生理学家广泛征求意见。同年 10 月召开第二次生理学名词审定工作会议,对征求来的意见进行认真讨论,按系统作了综合平衡。嗣后,冯德培、王志均、吴襄三位教授受全国自然科学名词审定委员会委托对报批名词进行复审,提出了宝贵意见。生理学名词审定委员会又组织上海和北京的审定委员开会,对复审意见进行认真研究,再次作了修改,最后确定为 1670 条。现经全国自然科学名词审定委员会批准,予以公布。

通过这次名词审定工作,对生理学中常见的和使用混乱的名词进行了统一,如"抑制"

明确为 inhibition, "压抑"为 depression, "阻抑"为 suppression; "递质"为 transmitter, "介质"为 mediator, "调质"为 modulator。又如"转运"(transport), "转移"(transfer), "转换"(transduction), "传递"(transmission), "传导"(conduction)....等。把"促"、"缩"、"催"等置于词首, 使名词概念更为清晰和科学化, 如: "胃泌素"、"胰泌素"、"肠泌素"等, 现改为"促胃液素"(gastrin)、"促胰液素"(sectretin)、"促十二指肠液素"(duocrinin), "胆囊收缩素"现定名为"缩胆囊素"(cholecystokinin)。在循环系统, 把"加压"(pressor), "减压"(depressor), 改名为"升压"和"降压", 使名词更具科学性, 从而使相应的"加压区"、"加压神经"、"加压中枢"等改为"升压区"、"升压神经"、"升压中枢"....; "减压区"、"减压神经"、"减压中枢"等改名为"降压区"、"降压神经"、"降压中枢"....等。对新技术和新科学名词, 如 voltage clamp 定名为"电压箝", patch clamp 定名为"膜片箝", natriuretic hormone 定名为"利尿钠激素"。bombesin 过去译为"蛙皮素", 根据动物分类学已确定为铃蟾, 而不是蛙, 因此正名为"铃蟾肽"。对生理学名词中有关外国姓氏音译名词, 按译名协调委员会审定译名加以统一。

在名词审定工作中, 各级领导以及生理学专家、学者给予热情支持, 提出许多有益的意见和建议, 在此表示深切的感谢。希望广大生理科学工作者在使用过程中提出宝贵的意见, 以便今后修订增补, 臻于完善。

生理学名词审定委员会

1989 年 6 月

编 排 说 明

一、本批公布的是生理学基本名词。

二、全书分为总论,肌肉和神经,中枢神经系统,感觉器官,血液及其他体液,循环,呼吸,消化和吸收,排泄,代谢、体温,内分泌、生殖生理,特殊环境生理学,实验仪器等共 13 大类。

三、汉文名词按学科的相关概念体系排列,附有与该词概念对应的英文名。

四、一个汉文名对应几个英文同义词时,一般取最常用的,一个以上的英文名用",'分开。

五、英文词的首字母大、小写均可时,一律小写。英文词除必须用复数者,一般用单数。

六、某些新词、概念易混淆的词和具有我国特色的词,附有简明定义性注释。

七、曾使用的主要异名列在注释栏内,其中"又称"为不推荐用名;"曾用名"为不再使用的旧名。

八、[ ]中的字使用时可省略;( )内的字为注释。

九、书末所附的英汉索引,按英文名词字母顺序编排;汉英索引按名词汉语拼音顺序排列。所示号码为该词在正文中的序号。索引中带"﹡"者为正文注释栏内的条目。

目　　录

正文

附录

01. 总 论

序 码	汉 文 名	英 文 名	注 释
01.001	生理学	physiology	指人体及动物生理学。
01.002	普通生理学	general physiology	又称"一般生理学"。
01.003	应用生理学	applied physiology	
01.004	比较生理学	comparative physiology	
01.005	细胞生理学	cell physiology	
01.006	器官生理学	organ physiology	
01.007	发育生理学	developmental physiology	
01.008	功能	function	
01.009	受体	receptor	
01.010	代谢	metabolism	
01.011	兴奋	excitation	
01.012	兴奋性	excitability	
01.013	可兴奋细胞	excitable cell	
01.014	应激性	irritability	
01.015	抑制	inhibition	
01.016	内环境	internal environment	
01.017	稳态	homeostasis	
01.018	神经调节	neuroregulation, neural regulation	
01.019	体液调节	humoral regulation	
01.020	自身调节	autoregulation	
01.021	机制	mechanism	
01.022	[膜]流体镶嵌模型	fluid mosaic model	
01.023	脂双层	lipid bilayer	
01.024	内向通量	influx	
01.025	外向通量	efflux	
01.026	半透膜	semipermeable membrane	
01.027	通透性	permeability	
01.028	离子载运体	ionophore	
01.029	离子通道	ion channel	
01.030	离子电流	ion current	
01.031	离子梯度	ion gradient	
01.032	闸门电流	gating current	
01.033	反馈	feedback	

序 码	汉 文 名	英 文 名	注 释
01.034	负反馈	negative feedback	
01.035	正反馈	positive feedback	
01.036	单纯扩散	simple diffusion	
01.037	易化扩散	facilitated diffusion	
01.038	生电泵	electrogenic pump	
01.039	载体	carrier	
01.040	主动转运	active transport	
01.041	被动转运	passive transport	
01.042	钠泵	sodium pump	
01.043	刺激	stimulus	
01.044	刺激伪迹	stimulus artifact	
01.045	阈值	threshold	
01.046	阈刺激	threshold stimulus	
01.047	最适刺激	optimal stimulus	
01.048	最大刺激	maximal stimulus	
01.049	阈下刺激	subthreshold stimulus	
01.050	反应	response, reaction	
01.051	阈下反应	subthreshold response	
01.052	局部反应	local response	
01.053	基强度	rheobase	
01.054	利用时	utilization time	
01.055	时值	chronaxie (法)	
01.056	强度-时间曲线	strength-duration curve	
01.057	顺应	accommodation	
01.058	适应	adaptation	
01.059	不应期	refractory period	
01.060	绝对不应期	absolute refractory period	
01.061	相对不应期	relative refractory period	
01.062	超常期	supranormal period	
01.063	低常期	subnormal period	
01.064	极化	polarization	细胞膜两侧电荷不均匀分布的状态。
01.065	去极化	depolarization	
01.066	复极化	repolarization	
01.067	超极化	hyperpolarization	
01.068	超射	overshoot	
01.069	林格[溶]液	Ringer's solution	又称"任氏液"。

序 码	汉文名	英 文 名	注 释
01.070	洛克[溶]液	Locke's solution	又称"乐氏液"。
01.071	蒂罗德[溶]液	Tyrode's solution	又称"台氏液"。

02. 肌肉和神经

序 码	汉文名	英 文 名	注 释
02.001	动作电位	action potential	
02.002	动作电流	action current	
02.003	复合动作电位	compound action potential	
02.004	单相动作电位	monophasic action potential	
02.005	双相动作电位	biphasic action potential	
02.006	[跨]膜电位	membrane potential, transmembrane potential	
02.007	静息电位	resting potential	
02.008	阈电位	threshold potential	
02.009	后电位	after-potential	
02.010	负后电位	negative after-potential	
02.011	正后电位	positive after-potential	
02.012	锋电位	spike potential	
02.013	局部电位	local potential	
02.014	电紧张电位	electrotonic potential	
02.015	平衡电位	equilibrium potential	
02.016	逆转电位	reversal potential	
02.017	容积导体	volume conductor	
02.018	全或无定律	all-or-none law	
02.019	激活	activation	
02.020	失活	inactivation	
02.021	电压箝	voltage clamp	
02.022	膜片箝	patch clamp	
02.023	膜电流	membrane current	
02.024	膜电阻	membrane resistance	
02.025	膜阻抗	membrane impedance	
02.026	膜电容	membrane capacitance	
02.027	膜电导	membrane conductance	
02.028	膜学说	membrane theory	
02.029	膜时间常数	membrane time constant	

序 码	汉文名	英文名	注 释
02.030	膜长度常数	membrane length constant	
02.031	电缆学说	cable theory	
02.032	电紧张	electrotonus	
02.033	河鲀毒素	tetrodotoxin, TTX	又称"河豚毒素"。
02.034	四乙铵	tetraethylammonium, TEA	
02.035	右旋筒箭毒	d-tubocurarine, dTC	
02.036	乙酰胆碱	acetylcholine, ACh	
02.037	时间总和	temporal summation	
02.038	空间总和	spatial summation	
02.039	神经冲动	nerve impulse	
02.040	发放	firing	
02.041	放电	discharge	
02.042	传导	conduction	
02.043	传递	transmission	
02.044	传导阻滞	conduction block	
02.045	绝缘传导	insulated conduction	
02.046	跳跃传导	saltatory conduction	
02.047	碰撞	collision	顺行与逆行的神经冲动相遇所产生的相互作用。
02.048	递质	transmitter	
02.049	量子释放	quantal release	
02.050	量子含量	quantal content	
02.051	终板电位	end-plate potential, EPP	
02.052	小终板电位	miniature end-plate potential, MEPP	
02.053	神经肌肉接头	neuromuscular junction	
02.054	运动单位	motor unit	
02.055	轴浆流	axoplasma flow	
02.056	轴浆运输	axoplasmic transport	
02.057	横桥	cross bridge	
02.058	兴奋收缩耦联	excitation-contraction coupling	
02.059	横管[系统]	transverse tubular system	又称"T 系统"。
02.060	肌质网	sarcoplasmic reticulum	
02.061	三联体	triad	
02.062	终池	terminal cistern	
02.063	前负荷	preload	

序码	汉文名	英文名	注释
02.064	后负荷	afterload	
02.065	初长	initial length	
02.066	收缩	contraction	
02.067	舒张	relaxation	
02.068	收缩性	contractility	
02.069	等长收缩	isometric contraction	
02.070	等张收缩	isotonic contraction	
02.071	单收缩	single twitch	
02.072	强直收缩	tetanus	
02.073	位相性收缩	phasic contraction	
02.074	位相性放电	phasic discharge	
02.075	紧张性收缩	tonic contraction	
02.076	紧张性放电	tonic discharge	
02.077	发放阈	firing threshold	
02.078	潜伏期	latent period, latency	
02.079	缩短期	shortening period	
02.080	舒张期	relaxing period	
02.081	初热	initial heat	
02.082	延迟热	delayed heat	
02.083	缩短热	shortening heat	
02.084	维持热	maintenance heat	
02.085	僵直	rigor	
02.086	挛缩	contracture	
02.087	张力速度关系	tension−velocity relation	
02.088	滑行[细丝]学说	sliding [filament] theory	
02.089	临界融合频率	critical fusion frequency	
02.090	冯氏效应	Feng′s effect	肌肉静息代谢随肌纤维拉长而增加的现象。1932年由中国生理学家冯德培发现。
02.091	脱敏作用	desensitization	
02.092	细胞内记录	intracellular recording	
02.093	细胞外记录	extracellular recording	
02.094	肌电图	electromyogram, EMG	

03. 中枢神经系统

序 码	汉文名	英 文 名	注 释
03.001	神经生理学	neurophysiology	
03.002	神经科学	neuroscience	
03.003	神经生物学	neurobiology	
03.004	协调	coordination	
03.005	本能	instinct	
03.006	组构	organization	
03.007	整合作用	integration	
03.008	回荡	reverberation	
03.009	功能定位	functional localization	
03.010	神经生物趋向性	neurobiotaxis	
03.011	神经元识别	neuronal recognition	
03.012	神经营养性效应	neurotrophic effect	
03.013	中枢	center	
03.014	皮层功能柱	cortical functional column	
03.015	大脑化	encephalization	
03.016	神经支配	innervation	
03.017	去神经	denervation	
03.018	神经变性	neural degeneration	
03.019	神经再生	neural regeneration	
03.020	逆行变性	retrograde degeneration	
03.021	跨神经元变性	transneuronal degeneration	
03.022	调制系统	modulating system	
03.023	神经元学说	neuron doctrine	
03.024	神经回路	neural circuit	
03.025	神经元回路	neuronal circuit	
03.026	神经通路	nervous pathway	
03.027	易化	facilitation	
03.028	习惯化	habituation	
03.029	压抑	depression	
03.030	神经毒素	neurotoxin	
03.031	联络神经元	association neuron	
03.032	投射神经元	projection neuron	
03.033	指令神经元	command neuron	
03.034	抑制性神经元	inhibitory neuron	

序 码	汉 文 名	英 文 名	注 释
03.035	间接抑制	indirect inhibition	
03.036	逆向传导	antidromic conduction	
03.037	顺向传导	orthodromic conduction	
03.038	突触	synapse	
03.039	自身突触	autapse	
03.040	化学突触	chemical synapse	
03.041	电突触	electrical synapse	
03.042	轴-体突触	axo-somatic synapse	
03.043	轴-树突触	axo-dendritic synapse	
03.044	轴-轴突触	axo-axonic synapse	
03.045	树-树突触	dendro-dendritic synapse	
03.046	兴奋性突触	excitatory synapse	
03.047	抑制性突触	inhibitory synapse	
03.048	电传递	electrical transmission	
03.049	突触传递	synaptic transmission	
03.050	神经调制	neuromodulation	
03.051	神经调质	neuromodulator	
03.052	神经递质	neurotransmitter	
03.053	抑制性递质	inhibitory transmitter	
03.054	兴奋性递质	excitatory transmitter	
03.055	递质共存	coexistence of transmitters	两种以上的递质，或两种以上的多肽，或递质与多肽并存于同一神经末梢内的现象。
03.056	自身受体	autoreceptor	
03.057	胆碱受体	cholinoceptor	
03.058	烟碱性受体	nicotinic receptor	
03.059	毒蕈碱性受体	muscarinic receptor	
03.060	去甲肾上腺素	noradrenaline, NA, norepinephrine, NE	
03.061	肾上腺素受体	adrenoceptor	
03.062	肾上腺素	adrenaline, epinephrine	
03.063	5-羟色胺	5-hydroxytryptamine, 5-HT	
03.064	儿茶酚胺	catecholamine, CA	
03.065	多巴胺	dopamine, DA	
03.066	重摄取	reuptake	

序 码	汉文名	英 文 名	注 释
03.067	内源性阿片样肽	endogenous opioid peptide	
03.068	阿片样物质	opioid	
03.069	肽能纤维	peptidergic fiber	
03.070	内啡肽	endorphin	
03.071	脑啡肽	enkephalin	
03.072	神经肽	neuropeptide	
03.073	强啡肽	dynorphin	
03.074	P 物质	substance P	
03.075	激肽	kinin	
03.076	缓激肽	bradykinin	
03.077	速激肽	tachykinin	
03.078	降钙素基因相关肽	calcitonin-gene-related peptide, CGRP	
03.079	谷氨酸	glutamic acid	
03.080	甘氨酸	glycine	
03.081	γ-氨基丁酸	γ-aminobutyric acid, GABA	
03.082	兴奋性突触后电位	excitatory postsynaptic potential, EPSP	
03.083	抑制性突触后电位	inhibitory postsynaptic potential, IPSP	
03.084	胞体-树突锋电位	soma-dendritic spike	
03.085	始段锋电位	initial segment spike	
03.086	后超极化	after-hyperpolarization	
03.087	分级电位	graded potential	
03.088	前馈	feedforward	
03.089	反射	reflex	刺激作用于感受器，或兴奋传入神经产生的冲动，经中枢神经系统传导，在传出神经或效应器上引起的反应。
03.090	反射弧	reflex arc	
03.091	先天性行为	congenital behavior	
03.092	习得性行为	learned behavior	
03.093	脊髓反射	spinal reflex	
03.094	反射时	reflex time	
03.095	锥体系统	pyramidal system	

序 码	汉文名	英 文 名	注 释
03.096	锥体外系统	extrapyramidal system	
03.097	背根反射	dorsal root reflex	
03.098	搔反射	scratch reflex	
03.099	膝跳反射	knee jerk	
03.100	交叉伸肌反射	crossed extensor reflex	
03.101	屈反射	flexion reflex	
03.102	伸反射	extension reflex	
03.103	传入神经	afferent nerve	
03.104	传出神经	efferent nerve	
03.105	效应器	effector	
03.106	中间神经元	interneuron	
03.107	中枢抑制	central inhibition	
03.108	会聚	convergence	
03.109	分散	divergence	
03.110	拮抗作用	antagonism	
03.111	协同作用	synergism	
03.112	后发放	after-discharge	
03.113	最后公路	final common path	用于神经系统。
03.114	回跳	rebound	
03.115	募集	recruitment	
03.116	扩散	irradiation	
03.117	阻塞	occlusion	
03.118	去抑制	disinhibition	
03.119	诱导	induction	
03.120	交互神经支配	reciprocal innervation	
03.121	交互抑制	reciprocal inhibition	
03.122	总和	summation	
03.123	侧抑制	lateral inhibition	
03.124	侧枝抑制	collateral inhibition	
03.125	下行抑制	descending inhibition	
03.126	强化	reinforcement	
03.127	增强	potentiation, enhancement	
03.128	增大	augmentation	
03.129	单突触反射	monosynaptic reflex	
03.130	多突触反射	multisynaptic reflex	
03.131	突触前抑制	presynaptic inhibition	
03.132	突触后抑制	postsynaptic inhibition	

序 码	汉 文 名	英 文 名	注 释
03.133	返回抑制	recurrent inhibition	
03.134	突触前电位	presynaptic potential	
03.135	初级传入	primary afferent	
03.136	背根电位	dorsal root potential	
03.137	突触延搁	synaptic delay	
03.138	中枢延搁	central delay	
03.139	反应时	reaction time, RT	
03.140	贝-马定律	Bell-Magendie law	又称"贝尔-马让迪定律"。
03.141	脊休克	spinal shock	
03.142	去传入	deafferentation	
03.143	知觉	perception	
03.144	感觉运动区	sensorimotor area	
03.145	精辨觉	epicritic sensation	
03.146	粗感觉	protopathic sensation	
03.147	上行激活系统	ascending activating system	
03.148	丘脑非特异投射	thalamic nonspecific projection	
03.149	下行抑制系统	descending inhibitory system	
03.150	下行易化系统	descending facilitatory system	
03.151	易化区	facilitatory region	
03.152	阻抑区	suppressor region	
03.153	简单细胞	simple cell	
03.154	复杂细胞	complex cell	
03.155	超复杂细胞	hypercomplex cell	
03.156	眼优势	ocular dominance	
03.157	"给"效应	on-effect	给予刺激时有反应。
03.158	"撤"效应	off-effect	撤除刺激时有反应。
03.159	随意运动	voluntary movement	
03.160	行进	locomotion	
03.161	姿势协调	postural coordination	
03.162	断头[术]	decapitation	
03.163	初级听皮层	primary auditory cortex	
03.164	次级听皮层	secondary auditory cortex	
03.165	初级视皮层	primary visual cortex	
03.166	次级视皮层	secondary visual cortex	
03.167	皮层代表区	cortical representation	
03.168	去大脑僵直	decerebrate rigidity	

序 码	汉文名	英 文 名	注 释
03.169	去大脑动物	decerebrate animal	
03.170	孤立脑	cerveau isolé(法)	
03.171	孤立头	encéphale isolé(法)	
03.172	脊髓动物	spinal animal	
03.173	运动神经元	motor neuron	
03.174	γ传出纤维	γ-efferent fiber	
03.175	姿势反射	postural reflex	
03.176	牵张反射	stretch reflex, myotatic reflex	
03.177	腱反射	tendon reflex	
03.178	放置反射	placing reflex	
03.179	跳跃反射	hopping reflex	
03.180	离心控制	centrifugal control	
03.181	共济失调	ataxia	
03.182	翻正反射	righting reflex	
03.183	皮层运动区	cortical motor area	
03.184	躯体定位组构	somatotopic organization	
03.185	柱状组构	columnar organization	
03.186	自主神经系统	autonomic nervous system, vegetative nervous system	又称"植物性神经系统"。
03.187	去神经增敏	denervation hypersensitization	
03.188	应激	stress	
03.189	交感神经系统	sympathetic nervous system	
03.190	交感-肾上腺髓质系统	sympathetico-adrenomedullary system	
03.191	副交感神经系统	parasympathetic nervous system	
03.192	节前神经元	preganglionic neuron	
03.193	节后神经元	postganglionic neuron	
03.194	肠神经系统	enteric nervous system	
03.195	抓握反射	grasping reflex	
03.196	迷路紧张反射	tonic labyrinthine reflex	
03.197	状态反射	attitudinal reflex	
03.198	防御反射	defense reflex	
03.199	热调节中枢	heat regulating center	
03.200	调定点	set point	
03.201	饮水中枢	drinking center	
03.202	摄食中枢	feeding center	
03.203	饱中枢	satiety center	

序 码	汉 文 名	英 文 名	注 释
03.204	情绪	emotion	
03.205	边缘系统	limbic system	
03.206	假怒	sham rage	
03.207	自我刺激	self-stimulation	
03.208	动机	motivation	
03.209	学习	learning	
03.210	可塑性	plasticity	
03.211	行为	behavior	
03.212	适应性行为	adaptive behavior	
03.213	探究行为	exploratory behavior	
03.214	记忆	memory	
03.215	短时记忆	short-term memory	
03.216	长时记忆	long-term memory	
03.217	强直后增强	posttetanic potentiation, PTP	
03.218	长时程增强	long-term potentiation, LTP	
03.219	布罗卡皮层区	Broca's area	
03.220	联络区	association area	
03.221	优势半球	dominant hemisphere	
03.222	单侧化	lateralization	
03.223	分裂脑	split brain	
03.224	准备电位	readiness potential	
03.225	关联性负变	contingent negative variation, CNV	
03.226	脑电图	electroencephalogram, EEG	
03.227	脑皮层电图	electrocorticogram, ECOG	
03.228	α 节律	α-rhythm	
03.229	β 节律	β-rhythm	
03.230	δ 节律	δ-rhythm	
03.231	θ 节律	θ-rhythm	
03.232	α 阻断	α-block	
03.233	κ 复合波	κ complex	
03.234	同步化	synchronization	
03.235	去同步化	desynchronization	
03.236	稳定电位	steady potential	
03.237	诱发电位	evoked potential	
03.238	主反应	primary response	
03.239	次反应	secondary response	

序 码	汉 文 名	英 文 名	注 释
03.240	锁相	phase-locking	
03.241	增大反应	augmenting response	
03.242	平均诱发电位	average evoked potential	
03.243	头顶诱发电位	vertex evoked potential	
03.244	回荡回路	reverberating circuit	
03.245	睡眠	sleep	
03.246	觉醒	wakefulness	
03.247	睡眠清醒周期	sleep-waking cycle	
03.248	正相睡眠	orthodox sleep	
03.249	异相睡眠	paradoxical sleep	
03.250	快速眼动睡眠	rapid eye movement sleep, REMS	
03.251	意识	consciousness	
03.252	非特异投射系统	unspecific projection system	
03.253	中央脑系统	centrencephalic system	
03.254	睡眠中枢	sleep center	
03.255	特异投射系统	specific projection system	
03.256	非条件反射	unconditioned reflex	
03.257	条件反射	conditioned reflex	
03.258	高级神经活动	higher nervous activity	
03.259	朝向反射	orienting reflex	
03.260	大脑半球优势学说	cerebral dominance theory	
03.261	条件刺激	conditioned stimulus	
03.262	非条件刺激	unconditioned stimulus	
03.263	暂时联系	temporary connection	
03.264	泛化	generalization	
03.265	分化	differentiation	
03.266	动力定型	dynamic stereotype ·	
03.267	神经类型	nervous type	
03.268	信号活动	signal activity	
03.269	第一信号系统	first signal system	
03.270	第二信号系统	second signal system	
03.271	操作式条件反射	operant conditioned reflex, instrumental conditioned reflex	
03.272	行为表现	performance	
03.273	人工智能	artificial intelligence	

04. 感 觉 器 官

序 码	汉 文 名	英 文 名	注 释
04.001	感觉	sensation	
04.002	感受器	receptor	
04.003	感受野	receptive field	
04.004	感受性	receptivity	
04.005	感受器电位	receptor potential	
04.006	启动电位	generator potential	曾用名"发生器电位"。
04.007	特殊感觉	special sense	
04.008	感官特殊能[学说]	specific energy of sense	
04.009	感觉型	modality of sensation	
04.010	感觉编码	sensory coding	
04.011	适宜刺激	adequate stimulus	
04.012	感觉适应	sensory adaptation	
04.013	感觉阈	sensory threshold	
04.014	辨别阈	discrimination threshold	
04.015	韦–费感觉定律	Weber–Fechner's law of sensation	又称"韦伯–费希纳感觉定律"。
04.016	感受器换能作用	transduction of receptor	
04.017	内感受器	interoceptor	
04.018	外感受器	exteroceptor	
04.019	多觉型感受器	polymodal receptor	
04.020	机械感受器	mechanical receptor	
04.021	温度感受器	temperature receptor	
04.022	化学感受器	chemoreceptor	
04.023	触觉感受器	touch receptor	
04.024	压力感受器	pressure receptor, baroreceptor	
04.025	牵张感受器	stretch receptor	
04.026	张力感受器	tension receptor	
04.027	肌梭	muscle spindle	
04.028	瞬时型感受器	transient receptor	
04.029	持续型感受器	sustained receptor	
04.030	渗透压感受器	osmoreceptor	
04.031	伤害性感受器	nociceptor	
04.032	伤害感受	nociception	
04.033	躯体感觉	somatic sensation	

序 码	汉 文 名	英 文 名	注 释
04.034	内脏感觉	visceral sensation	
04.035	深部感觉	deep sensation	
04.036	触觉	touch sensation	
04.037	压觉	pressure sensation	
04.038	振动感觉	vibration sensation	
04.039	温度感觉	temperature sensation	
04.040	痛	pain	
04.041	快痛	fast pain	
04.042	慢痛	slow pain	
04.043	牵涉痛	referred pain	
04.044	镇痛	analgesia	又称"痛觉缺失"。
04.045	闸门控制学说	gate-control theory	
04.046	痒觉	itching sensation	
04.047	渴觉	thirst sensation	
04.048	视觉	vision	
04.049	中央视觉	central vision	
04.050	周边视觉	peripheral vision	
04.051	暗视觉	scotopic vision	
04.052	明视觉	photopic vision	
04.053	视觉分辨	visual discrimination	
04.054	视觉剥夺	visual deprivation	
04.055	视轴	visual axis	
04.056	视调节	visual accommodation	
04.057	屈光度	diopter	
04.058	视角	visual angle	
04.059	正视眼	emmetropia	
04.060	屈光不正	ametropia, refraction error	
04.061	散光	astigmatism	
04.062	近视	myopia	
04.063	远视	hypermetropia	
04.064	老视	presbyopia	
04.065	简化眼	reduced eye	
04.066	视通路	visual pathway	
04.067	视投射	visual projection	
04.068	视皮层	visual cortex	
04.069	眼内压	intraocular pressure	
04.070	互感反应	consensual reaction	一侧眼受光照射时，

序　码	汉　文　名	英　文　名	注　　释
			两侧瞳孔均呈收缩反应。
04.071	视色素	visual pigment	
04.072	视紫红质	rhodopsin	
04.073	视黄醛	retinene	
04.074	视蛋白	opsin	
04.075	暗电流	dark current	
04.076	早感受器电位	early receptor potential, ERP	
04.077	晚感受器电位	late receptor potential, LRP	
04.078	视网膜电图	electroretinogram, ERG	
04.079	眼电图	electrooculogram, EOG	
04.080	眼震[颤]电图	electronystagmogram, ENG	
04.081	光感受作用	photoreception	
04.082	光敏感性	photosensitivity	
04.083	光谱敏感性	spectral sensitivity	
04.084	视阈	visual threshold	
04.085	视见度	visibility	
04.086	色觉	color vision	
04.087	色度	chromaticity	表明颜色深浅的一种定量指标。
04.088	无色	achromatic color	
04.089	色辨别	color discrimination	
04.090	色对比	color contrast	
04.091	互补色	complementary color	
04.092	原色	primary color	
04.093	拮抗色觉学说	opponent color theory	
04.094	三原色觉学说	trichromatic theory	
04.095	色盲	color blindness	
04.096	浦肯野转移	Purkinje shift	
04.097	亮度	brightness	
04.098	暗适应	dark adaptation	
04.099	明适应	light adaptation	
04.100	同时性对比	simultaneous contrast	
04.101	继时性对比	successive contrast	
04.102	对比敏感性	contrast sensitivity	
04.103	视觉暂留	persistence of vision	
04.104	后象	after—image	

序 码	汉 文 名	英 文 名	注 释
04.105	视敏度	visual acuity	
04.106	闪光融合频率	flicker fusion frequency, FFF	
04.107	注视	visual fixation	
04.108	盲点	blind spot	
04.109	视野	visual field	
04.110	[双眼象]差异	disparity	
04.111	双眼视觉	binocular vision	
04.112	双眼竞争	binocular competition	
04.113	双眼视差	binocular parallax	
04.114	双眼视象融合	binocular fusion	
04.115	立体视觉	stereoscopic vision	
04.116	形象分辨	form discrimination	
04.117	盲	blindness	
04.118	夜盲	night blindness	
04.119	瞬目反射	blink reflex	
04.120	对光反射	light reflex	
04.121	瞳孔反射	pupillary reflex	
04.122	听觉	audition, hearing	
04.123	听阈	auditory threshold	
04.124	听力级	hearing level	
04.125	听力曲线	audiometric curve, hearing threshold curve	
04.126	听力图	audiogram	
04.127	单耳听觉	monaural hearing	
04.128	双耳听觉	binaural hearing	
04.129	响度	loudness	
04.130	音调	pitch	
04.131	音色	timbre	
04.132	声音频率辨别	sound frequency discrimination	
04.133	声音强度辨别	sound intensity discrimination	
04.134	等响曲线	equal-loudness contour	
04.135	听觉适应	auditory adaptation	
04.136	暂时性阈移	temporary threshold shift, TTS	
04.137	永久性阈移	permanent threshold shift, PTS	
04.138	耳聋	deafness	
04.139	掩蔽	masking	
04.140	气导	air conduction	

序 码	汉 文 名	英 文 名	注 释
04.141	骨导	bone conduction	
04.142	外耳道共振效应	resonance effect of meatus	
04.143	听骨链	ossicular chain	
04.144	中耳声阻抗匹配	acoustic impedance matching of middle ear	
04.145	中耳传递函数	transfer function of middle ear	
04.146	中耳肌反射	middle ear muscle reflex	
04.147	耳蜗力学	cochlear mechanics	
04.148	耳蜗内电位	endocochlear potential	
04.149	内淋巴电位	endolymphatic potential	
04.150	耳蜗微音[器]电位	cochlear microphonic potential	
04.151	总和电位	summating potential	
04.152	听神经元特征频率	characteristic frequency of auditory neuron	
04.153	听神经元反应区域	response area of auditory neuron	
04.154	调谐曲线	tuning curve	鼓膜、基底膜及听神经元的调谐曲线。
04.155	纯音区域定位	tonotopic localization	
04.156	声源定位	sound localization	
04.157	回声定位	echolocation	
04.158	耳蜗电图	electrocochleogram, ECochG	
04.159	行波学说	travelling wave theory	
04.160	共振学说	resonance theory	
04.161	排放学说	volley theory	
04.162	前庭感觉	vestibular sensation	
04.163	前庭感受器	vestibular receptor	
04.164	平衡感觉	equilibrium sensation	
04.165	静位感觉	static sensation	
04.166	重力感受器	gravity receptor	
04.167	位置感觉	position sense	
04.168	运动感觉	kinesthetic sense	
04.169	运动感受器	kinesthetic receptor	
04.170	眼震[颤]	nystagmus	
04.171	空间感觉	space sense	
04.172	空间定向	spatial orientation	

序 码	汉文名	英 文 名	注 释
04.173	味觉	gustatory sensation, taste	
04.174	味觉感受器	gustatory receptor, taste receptor	
04.175	味觉阈	taste threshold	
04.176	余味	after taste	
04.177	味盲	taste blindness	
04.178	味觉对比	taste contrast	
04.179	基本味觉	basic taste sensation	
04.180	嗅觉	olfactory sensation	
04.181	嗅电图	electro-olfactogram, EOG	
04.182	嗅敏度	olfactory acuity	
04.183	嗅阈	olfactory threshold	
04.184	基本气味	primary odor	
04.185	测听[法]	audiometry	又称"听力测验法"。
04.186	电反应测听术	electrical response audiometry, ERA	
04.187	瞳孔测量法	pupillometry	
04.188	嗅觉测量法	olfactometry	

05. 血液及其他体液

序 码	汉文名	英 文 名	注 释
05.001	血[液]	blood	
05.002	血-脑屏障	blood-brain barrier, BBB	
05.003	血-脑脊液屏障	blood-cerebrospinal fluid barrier	
05.004	体液	body fluid	
05.005	脑脊液	cerebrospinal fluid	
05.006	细胞内液	intracellular fluid	
05.007	细胞外液	extracellular fluid	
05.008	组织液	tissue fluid	
05.009	淋巴液	lymph fluid	
05.010	体液平衡	body fluid equilibrium	
05.011	水肿	edema	
05.012	淋巴生成	lymphogenesis	
05.013	出血	bleeding, hemorrhage	
05.014	失血	blood loss	
05.015	血量	blood volume	

序 码	汉 文 名	英 文 名	注 释
05.016	血细胞比容	hematocrit	曾用名"红细胞压积"。
05.017	溶血素	hemolysin	
05.018	溶血	hemolysis	
05.019	血浆	blood plasma	
05.020	血清	blood serum	
05.021	白蛋白	albumin	
05.022	球蛋白	globulin	
05.023	血红蛋白	hemoglobin	
05.024	红细胞	erythrocyte, red blood cell, RBC	曾用名"红血球"。
05.025	白细胞	leucocyte, white blood cell, WBC	曾用名"白血球"。
05.026	白细胞分类计数	differential blood count	
05.027	粒细胞	granulocyte	
05.028	单核细胞	monocyte	
05.029	巨核细胞	megakaryocyte	
05.030	血小板	thrombocyte, [blood] platelet	
05.031	巨噬细胞	macrophage	
05.032	酸血[症]	acidemia	
05.033	碱血[症]	alkalemia	
05.034	血[液]粘度	blood viscosity	
05.035	血浆渗透压	plasma osmotic pressure	
05.036	胶体渗透压	colloid osmotic pressure	
05.037	晶体渗透压	crystal osmotic pressure	
05.038	趋化性	chemotaxis	化学趋向性的简称。
05.039	胞饮[作用]	pinocytosis	
05.040	胞吐[作用]	exocytosis	
05.041	吞噬[作用]	phagocytosis	
05.042	吞噬细胞	phagocyte	
05.043	血细胞渗出	diapedesis	血细胞从血管内渗出的现象。
05.044	淋巴细胞	lymphocyte	
05.045	毛细[血]管脆性	capillary fragility	
05.046	毛细[血]管通透性	capillary permeability	
05.047	止血	hemostasis	
05.048	血块收缩	blood clot retraction	
05.049	血液凝固	blood coagulation, blood clotting	简称"凝血"。
05.050	促凝剂	coagulant	
05.051	瀑布学说	cascade theory, water-fall theory	凝血过程发生时,

序 码	汉 文 名	英 文 名	注 释
			各个化学反应逐级促进的反应模式。
05.052	外源性凝血	extrinsic coagulation	
05.053	内源性凝血	intrinsic coagulation	
05.054	凝血因子	blood coagulation factor	
05.055	[凝血]因子 I	factor I	又称"纤维蛋白原(fibrinogen)"。
05.056	[凝血]因子 II	factor II	又称"凝血酶原(prothrombin)"。
05.057	[凝血]因子 III	factor III	又称"组织凝血激酶(tissue thromboplastin)"。
05.058	[凝血]因子 IV	factor IV	又称"钙离子"。
05.059	[凝血]因子 V	factor V	又称"前加速素(proaccelerin)"。
05.060	[凝血]因子 VII	factor VII	又称"前转变素(proconvertin)"。
05.061	[凝血]因子 VIII	factor VIII	又称"抗血友病因子(antihemophilic factor, AHF)"。
05.062	[凝血]因子 IX	factor IX	又称"血浆凝血激酶(plasma thromboplastin component, PTC)"。
05.063	[凝血]因子 X	factor X	又称"斯图亚特因子(Stuart–Prower factor)"。
05.064	[凝血]因子 XI	factor XI	又称"血浆凝血激酶前质(plasma thromboplastin antecedent, PTA)"。
05.065	[凝血]因子 XII	factor XII	又称"接触因子(contact factor)"。
05.066	[凝血]因子 XIII	factor XIII	又称"纤维蛋白稳定因子(fibrin stabilizing factor)"。
05.067	纤维蛋白	fibrin	

序码	汉文名	英文名	注释
05.068	凝血酶	thrombin	
05.069	抗凝剂	anticoagulant, decoagulant	
05.070	抗凝血酶 III	antithrombin III, AT III	
05.071	抗凝[作用]	anticoagulation	
05.072	肝素	heparin	
05.073	纤维蛋白溶解	fibrinolysis	简称"纤溶"。
05.074	纤维蛋白溶酶原	plasminogen, profibrinolysin	
05.075	纤维蛋白溶酶	plasmin, fibrinolysin	
05.076	纤溶酶原激活物	activator of plasminogen	
05.077	血小板粘附[反应]	platelet adhesion reaction	
05.078	血小板聚集	platelet aggregation	
05.079	前列环素	prostacyclin, PGI_2	
05.080	血栓烷	thromboxane	
05.081	血细胞生成	hematopoiesis, hemopoiesis	
05.082	造血干细胞	hemopoietic stem cell	
05.083	造血祖细胞	hemopoietic progenitor cell	
05.084	红细胞生成	erythropoiesis	
05.085	粒细胞生成	granulopoiesis	
05.086	淋巴细胞生成	lymphopoiesis	
05.087	血小板生成	thrombopoiesis	
05.088	造血器官	hematopoietic organ	
05.089	髓外造血	extramedullary hemopoiesis	
05.090	造血[诱导]微环境	hemopoietic [inductive] microenvironment, HIM	
05.091	造血生长因子	hemopoietic growth factor	
05.092	集落刺激因子	colony stimulating factor, CSF	
05.093	促红细胞生成素	erythropoietin, EPO	
05.094	凝集原	agglutinogen	
05.095	凝集素	agglutinin	
05.096	凝集[作用]	agglutination	
05.097	血型	blood group, blood type	
05.098	ABO 血型系统	ABO blood group system	
05.099	Rh 血型系统	Rh blood group system	
05.100	MNSs 血型系统	MNSs blood group system	
05.101	人类白细胞抗原系统	human leucocyte antigen system, HLA	

06. 循　环

序　码	汉　文　名	英　文　名	注　释
06.001	血[液]循环	blood circulation	
06.002	体循环	systemic circulation, greater circulation	又称"大循环"。
06.003	肺循环	pulmonary circulation, lesser circulation	又称"小循环"。
06.004	微循环	microcirculation	
06.005	侧支循环	collateral circulation	
06.006	心动周期	cardiac cycle	
06.007	心缩期	systole	
06.008	心舒期	diastole	
06.009	充盈期	filling period	
06.010	射血期	ejection period	
06.011	等容收缩期	isovolumic contraction period	
06.012	等容舒张期	isovolumic relaxation period	
06.013	舒张前期	protodiastole	
06.014	舒张末期	diastasis	
06.015	心输出量	cardiac output	
06.016	心指数	cardiac index	
06.017	每搏输出量	stroke volume	又称"搏出量"。
06.018	射血分数	ejection fraction	
06.019	舒张期末压	end-diastolic pressure	
06.020	异长自身调节	heterometric autoregulation	
06.021	等长自身调节	homometric autoregulation	
06.022	搏出功	stroke work	
06.023	心室功能曲线	ventricular function curve	
06.024	心力储备	cardiac reserve	
06.025	心音	heart sound	
06.026	心音图	phonocardiogram, PCG	
06.027	自律细胞	autorhythmic cell	
06.028	快反应动作电位	fast response action potential	
06.029	慢反应动作电位	slow response action potential	
06.030	背景电流	background current	
06.031	内向整流	inward rectification	又称"异常整流 (anomalous rectification)"。

序 码	汉 文 名	英 文 名	注 释
06.032	最大舒张电位	maximum diastolic potential	
06.033	有效不应期	effective refractory period	
06.034	心肌收缩性	cardiac contractility	
06.035	期前收缩	premature systole	
06.036	代偿性间歇	compensatory pause	
06.037	自动节律性	autorhythmicity, automaticity	
06.038	特殊传导系统	specific conduction system	
06.039	阶梯现象	staircase phenomenon, treppe	
06.040	起搏点	pacemaker	
06.041	潜在起搏点	latent pacemaker	
06.042	异位起搏点	ectopic pacemaker	
06.043	超驱动阻抑	overdrive suppression	
06.044	自动去极化	spontaneous depolarization	
06.045	房-室延搁	atrio-ventricular delay	
06.046	膜反应曲线	membrane responsive curve	
06.047	心电图	electrocardiogram, ECG	
06.048	心向量图	vectorcardiogram, VCG	又称"向量心电图"。
06.049	循环时[间]	circulation time	
06.050	血流动力学	hemodynamics	
06.051	血液流变学	hemorheology	
06.052	血流量	blood flow	
06.053	层流	streamline, laminar flow	
06.054	湍流	turbulent flow	又称"涡流"。
06.055	轴流	axial flow	
06.056	泊肃叶定律	Poiseuille law	
06.057	静脉回心血量	venous return	
06.058	静脉回流	venous return	
06.059	血压	blood pressure, BP	
06.060	动脉[血]压	arterial[blood] pressure	
06.061	收缩压	systolic pressure	
06.062	舒张压	diastolic pressure	
06.063	循环系统平均充盈压	mean circulatory filling pressure	
06.064	跨壁压	transmural pressure	
06.065	静脉[血]压	venous pressure	
06.066	中心静脉压	central venous pressure, CVP	
06.067	外周静脉压	peripheral venous pressure	

序 码	汉 文 名	英 文 名	注 释
06.068	毛细血管血压	capillary pressure	
06.069	肺毛细血管楔压	pulmonary capillary wedge pressure	
06.070	侧压	side pressure, lateral pressure	
06.071	端压	end pressure	
06.072	临界闭合压	critical closing pressure	
06.073	灌流压	perfusion pressure	
06.074	有效滤过压	effective filtration pressure	
06.075	流体静力压	hydrostatic pressure	
06.076	脉搏压	pulse pressure	
06.077	压力-容积曲线	pressure-volume curve	
06.078	速度-容积曲线	velocity-volume curve	
06.079	张力-速度曲线	tension-velocity curve	
06.080	动脉顺应性	arterial compliance	
06.081	弹性贮器血管	Windkessel(德) vessel	
06.082	阻尼血管	damping vessel	
06.083	阻力血管	resistance vessel	
06.084	交换血管	exchange vessel	
06.085	容量血管	capacitance vessel	
06.086	动静脉短路	arterio-venous shunt	
06.087	外周[血管]阻力	peripheral [vascular] resistance, PVR	
06.088	外周阻力单位	peripheral resistance unit, PRU	
06.089	微动脉	arteriole	
06.090	后微动脉	metarteriole	
06.091	微静脉	venule	
06.092	直捷通路	thoroughfare channel, preferential channel	
06.093	脉搏图	sphygmogram	
06.094	脉搏	pulse	
06.095	脉率	pulse rate	
06.096	脉搏波	pulse wave	
06.097	降中波	dicrotic wave	
06.098	降中峡	dicrotic notch, dicrotic incisure	
06.099	淋巴回流	lymphatic return	
06.100	双重神经支配	double innervation	
06.101	心交感神经	cardiac sympathetic nerve	

序 码	汉 文 名	英 文 名	注 释
06.102	心加速神经	cardiac accelerator nerve	
06.103	心加强神经	cardiac augmentor nerve	
06.104	心迷走神经	cardiac vagus nerve	
06.105	迷走紧张	vagal tone	
06.106	迷走脱逸	vagal escape	
06.107	交感紧张	sympathetic tone	
06.108	心动过速	tachycardia	
06.109	心动过缓	bradycardia	
06.110	变时作用	chronotropic action	
06.111	变力作用	inotropic action	
06.112	变传导作用	dromotropic action	
06.113	变兴奋作用	bathmotropic action	
06.114	血管收缩	vasoconstriction	
06.115	血管舒张	vasodilatation	
06.116	血管紧张度	vascular tone	
06.117	压力负荷	pressure load	
06.118	容量负荷	volume load	
06.119	缩血管神经	vasoconstrictor nerve	
06.120	舒血管神经	vasodilator nerve	
06.121	心血管中枢	cardiovascular center	
06.122	血管运动中枢	vasomotor center	
06.123	升压区	pressor area	又称"加压区"。
06.124	降压区	depressor area	又称"减压区"。
06.125	窦神经	sinus nerve	又称"赫林神经 (Hering′s nerve)"。
06.126	颈动脉窦压力感受器反射	carotid sinus baroreceptor reflex	
06.127	主动脉弓压力感受器反射	aortic baroreflex	
06.128	马雷定律	Marey′s law	曾用名"马利定律"。
06.129	缓冲神经	buffer nerve	
06.130	降压神经	depressor nerve, aortic nerve	又称"减压神经"、"主动脉神经"。
06.131	降压反射	depressor reflex	又称"减压反射"。
06.132	化学感受器反射	chemoreceptor reflex, chemoreflex	
06.133	压力感受器反射	baroreflex resetting	

序 码	汉文名	英 文 名	注 释
	重调定		
06.134	心脏感受器	cardiac receptor	
06.135	容量感受器	volume receptor	
06.136	低压系统感受器	low—pressure receptor	
06.137	高压系统感受器	high—pressure receptor	
06.138	班布里奇反射	Bainbridge reflex	输液或输血诱发的心率反射性变化。
06.139	贝-亚反射	Bezold—Jarisch reflex	又称"贝佐尔德-亚里施反射",曾用名"贝-贾反射"。系抑制性心室感受器反射。
06.140	心肺感受器反射	cardiopulmonary receptor reflex	
06.141	轴突反射	axon reflex	
06.142	潜水反射	diving reflex	
06.143	眼心反射	oculocardiac reflex	
06.144	冷升压反射	cold—pressor reflex	
06.145	脑缺血反应	cerebral ischemic response	又称"库欣反应(Cushing's response)"。
06.146	高血压	hypertension	
06.147	低血压	hypotension	
06.148	直立性低血压	orthostatic hypotension	又称"体位性低血压"。
06.149	血管紧张素	angiotensin	
06.150	肾素	renin	
06.151	肾素-血管紧张素-醛固酮系统	renin—angiotensin—aldosterone system, RAAS	
06.152	血管舒张素	kallidin	
06.153	血管升压素	vasopressin, antidiuretic hormone, ADH	又称"血管加压素"、"抗利尿激素"。
06.154	心房钠尿肽	atrial natriuretic peptide, ANP	又称"心钠素"、"心房肽"。
06.155	内皮细胞舒血管因子	endothelium—derived relaxing factor, EDRF	
06.156	内皮缩血管肽	endothelin	
06.157	反应性充血	reactive hyperemia	
06.158	休克	shock	
06.159	循环衰竭	circulatory failure	
06.160	三重反应	triple response	

序 码	汉文名	英 文 名	注 释
06.161	菲克原理	Fick's principle	曾用名"费克原理".
06.162	心肺制备	heart-lung preparation	
06.163	心导管插入术	cardiac catheterization	
06.164	恒流灌流	constant-flow perfusion	
06.165	交叉循环	cross circulation	

07. 呼 吸

序 码	汉文名	英 文 名	注 释
07.001	呼吸	respiration	
07.002	吸气	inspiration	
07.003	呼气	expiration	
07.004	通气	ventilation	
07.005	通气增强	hyperventilation	又称"通气过度".
07.006	通气不足	hypoventilation	
07.007	呼吸增强	hyperpnea	
07.008	呼吸减弱	hypopnea	
07.009	呼吸周期	breathing cycle	
07.010	平静呼吸	eupnea	
07.011	用力呼吸	labored breathing, forced breathing	
07.012	外呼吸	external respiration	
07.013	内呼吸	internal respiration	
07.014	随意呼吸	voluntary breathing	
07.015	吸气时间	inspiratory duration	
07.016	呼气时间	expiratory duration	
07.017	吸入气	inspiratory gas	
07.018	呼出气	expiratory gas	
07.019	肺泡气	alveolar gas	
07.020	呼吸型式	breathing pattern	
07.021	呼吸频率	respiratory frequency, respiratory rate	
07.022	腹式呼吸	abdominal breathing, diaphragmatic breathing	又称"膈呼吸".
07.023	胸式呼吸	thoracic breathing, costal breathing	

序 码	汉 文 名	英 文 名	注 释
07.024	自发呼吸	spontaneous respiration	
07.025	人工呼吸	artificial respiration, artificial breathing	
07.026	呼吸力学	breathing mechanics	
07.027	跨肺压	transpulmonary pressure	
07.028	食管内压	intraesophageal pressure	
07.029	周期性呼吸	periodic breathing	
07.030	长吸	apneusis	
07.031	喘息	gasping	
07.032	呼吸急促	tachypnea	
07.033	呼吸暂停	apnea	
07.034	呼吸困难	dyspnea	
07.035	呼吸缓慢	bradypnea	又称"呼吸过慢"。
07.036	潮气量	tidal volume, TV	
07.037	肺活量	vital capacity, VC	
07.038	肺总量	total lung capacity, TLC	
07.039	功能残气量	functional residual capacity, FRC	
07.040	残气量	residual volume, RV	
07.041	补吸气量	inspiratory reserve volume, IRV	
07.042	补呼气量	expiratory reserve volume, ERV	
07.043	每分通气量	minute ventilation volume	
07.044	肺泡通气	alveolar ventilation	
07.045	最大随意通气	maximal voluntary ventilation, MVV	
07.046	用力呼气量	forced expiratory volume, FEV	
07.047	最大呼气流量	maximal expiratory flow, MEF	
07.048	无效腔	dead space	曾用名"死腔"、"死区"。
07.049	闭合气量	closing volume	
07.050	闭合容量	closing capacity	
07.051	肺内压	intrapulmonary pressure	
07.052	胸膜腔内压	intrapleural pressure	曾用名"胸内压"。
07.053	呼吸道阻力	airway resistance	又称"气道阻力"。
07.054	支气管收缩	bronchoconstriction	
07.055	支气管舒张	bronchodilatation	
07.056	肺弹性回缩力	pulmonary elastic recoil	

序码	汉文名	英文名	注释
07.057	肺泡表面活性物质	alveolar surfactant	
07.058	肺顺应性	lung compliance, pulmonary compliance	
07.059	呼吸储备	breathing reserve, BR	
07.060	呼吸功	work of breathing	
07.061	气胸	pneumothorax	
07.062	组织气体交换	tissue gas exchange	
07.063	肺泡气体交换	alveolar gas exchange	
07.064	氧分压	partial pressure of oxygen	符号为P_{O_2}。
07.065	二氧化碳分压	partial pressure of carbon dioxide	符号为P_{CO_2}。
07.066	氧张力	oxygen tension	
07.067	二氧化碳张力	carbon dioxide tension	
07.068	呼吸膜	respiratory membrane	
07.069	氧扩散容量	oxygen diffusion capacity	
07.070	血液气体运输	blood gas transport	
07.071	氧合	oxygenation	
07.072	还原血红蛋白	reduced hemoglobin	
07.073	去氧血红蛋白	deoxyhemoglobin	
07.074	氧合血红蛋白	oxyhemoglobin	
07.075	高铁血红蛋白	metahemoglobin	
07.076	氧容量	oxygen capacity	
07.077	氧含量	oxygen content	
07.078	氧饱和	oxygen saturation	
07.079	氧解离曲线	oxygen dissociation curve	
07.080	二氧化碳解离曲线	carbon dioxide dissociation curve	
07.081	氧债	oxygen debt	
07.082	终末呼出气	end-expiratory gas	
07.083	二氧化碳容量	carbon dioxide capacity	
07.084	二氧化碳含量	carbon dioxide content	
07.085	肺泡动脉血氧梯度	alveolar arterial oxygen gradient	
07.086	低氧	hypoxia	又称"缺氧"。
07.087	低氧血	hypoxemia	又称"低血氧"。
07.088	高氧	hyperxia	

序 码	汉 文 名	英 文 名	注 释
07.089	高碳酸血症	hypercapnia	
07.090	低碳酸血症	hypocapnia	
07.091	呼吸中枢	respiratory center	
07.092	长吸中枢	apneustic center	
07.093	呼吸调整中枢	pneumotaxic center	
07.094	吸气中枢	inspiratory center	
07.095	呼气中枢	expiratory center	
07.096	中枢吸气性活动	central inspiratory activity	
07.097	吸气切断机制	inspiratory off-switch mechanism	
07.098	外周化学感受器	peripheral chemoreceptor	
07.099	中枢化学感受器	central chemoreceptor	
07.100	肺毛细血管旁感受器	juxtapulmonary capillary receptor	又称"肺 J 感受器 (pulmonary J receptor)"。
07.101	肺牵张感受器	pulmonary stretch receptor	
07.102	肺牵张反射	pulmonary stretch reflex	又称"黑-伯二氏反射 (Hering-Breuer's reflex)"。
07.103	咳嗽反射	cough reflex	
07.104	喷嚏反射	sneezing reflex	
07.105	屏气极点	breath holding breaking point	
07.106	肺量图	spirogram	
07.107	重复呼吸法	rebreathing method	
07.108	血气分析	blood gas analysis	
07.109	通气血流比值	ventilation / perfusion ratio	

08. 消化和吸收

序 码	汉 文 名	英 文 名	注 释
08.001	消化	digestion	
08.002	机械消化	mechanical digestion	
08.003	化学消化	chemical digestion	
08.004	消化酶	digestive enzyme	
08.005	消化液	digestive juice	
08.006	胃肠学	gastroenterology	
08.007	咀嚼	mastication	
08.008	唾液	saliva	
08.009	唾液淀粉酶	ptyalin, salivary amylase	

序 码	汉 文 名	英 文 名	注 释
08.010	食糜	chyme	
08.011	吞咽	swallowing, deglutation	
08.012	吞咽反射	swallowing reflex, deglutation reflex	
08.013	胃液	gastric juice	
08.014	胃液酸度	gastric acidity	
08.015	组织胺加重试验	augmented histamine test	
08.016	嗳气	belching	
08.017	胃蛋白酶	pepsin	
08.018	胃蛋白酶原	pepsinogen	
08.019	胃-肠反射	gastro-intestinal reflex	
08.020	肠-胃反射	entero-gastric reflex	
08.021	呕吐反射	vomiting reflex	
08.022	假饲	sham feeding	
08.023	胃瘘	gastric fistula	
08.024	巴甫洛夫小胃	Pavlov pouch	有神经支配的小胃。
08.025	海登海因小胃	Heidenhain's pouch	曾用名"海登汉小胃"。无迷走神经支配的小胃。
08.026	头期	cephalic phase	
08.027	胃期	gastric phase	消化液分泌的时相有：头期、胃期、肠期。
08.028	肠期	intestinal phase	
08.029	粘液屏障	mucus barrier	
08.030	胃粘膜屏障	gastric mucosal barrier	
08.031	容受性舒张	receptive relaxation	
08.032	胃排空	gastric emptying	
08.033	饥饿收缩	hunger contraction	
08.034	基本电节律	basic electrical rhythm, BER	又称"慢波(slow wave)"。胃肠平滑肌的一种电活动。
08.035	消化间期复合肌电	interdigestive myoelectric complex, IMC	
08.036	胃肌电图	gastro-electromyogram	
08.037	呃逆	hiccup	俗称"打嗝"。
08.038	内因子	intrinsic factor	

序 码	汉 文 名	英 文 名	注 释
08.039	蠕动	peristalsis	
08.040	蠕动冲	peristaltic rush	速度快，传播远的小肠蠕动。
08.041	分节运动	segmentation	
08.042	摆动	pendular movement	
08.043	集团蠕动	mass peristalsis	指速度快，传播远的大肠蠕动。
08.044	粪便	feces, stool	
08.045	排便反射	defecation reflex	
08.046	便秘	constipation	
08.047	胰液	pancreatic juice	
08.048	胰蛋白酶	trypsin	
08.049	胰蛋白酶原	trypsinogen	
08.050	胰脂肪酶	pancreatic lipase	
08.051	糜蛋白酶	chymotrypsin	
08.052	糜蛋白酶原	chymotrypsinogen	
08.053	胰淀粉酶	pancreatic amylase	
08.054	肠激酶	enterokinase	
08.055	迷走-胰岛素系统	vago-insulin system	
08.056	肝胆汁	hepatic bile	
08.057	胆囊胆汁	gall bladder bile	
08.058	肠肝循环	enterohepatic circulation	
08.059	胆色素	bile pigments	
08.060	胆[汁]盐	bile salts	
08.061	胆酸	cholic acid	
08.062	胆汁酸	bile acid	
08.063	胃肠激素	gut hormone	
08.064	促胃液素	gastrin	又称"胃泌素"。
08.065	促胃动素	motilin	
08.066	缩胆囊素	cholecystokinin, CCK	又称"胆囊收缩素"。
08.067	促胰酶素	pancreozymin, PZ	
08.068	促胰液素	secretin	又称"胰泌素"。
08.069	雨蛙肽	caerulein	
08.070	肠抑胃素	enterogastrone	
08.071	肠高血糖素	enteroglucagon	
08.072	胰多肽	pancreatic polypeptide, PP	

序 码	汉 文 名	英 文 名	注 释
08.073	肠泌酸素	entero-oxyntin	
08.074	缩肠绒毛素	villikinin	又称"肠绒毛促动素"。曾用名"绒毛收缩素"。
08.075	血管活性肠肽	vasoactive intestinal polypeptide, VIP	
08.076	尿胃蛋白酶原	uropepsinogen	
08.077	迷走抑胃素	vagogastrone	
08.078	APUD 系统	amine precursor uptake and decarboxylation system	具有摄取胺前体和进行脱羧作用而产生肽类或活性胺的细胞系统。
08.079	铃蟾肽	bombesin	曾用名"蛙皮素"。
08.080	脑-肠肽	brain-gut peptide	
08.081	[十二指肠]球抑胃素	bulbogastrone	
08.082	促十二指肠液素	duocrinin	
08.083	糖依赖性胰岛素释放肽	glucose-dependent insulinotropic peptide, GIP	又称"抑胃肽"。
08.084	肠-胰岛轴	entero-insular axis	
08.085	食欲	appetite	
08.086	恶心	nausea	
08.087	便意	awareness of defecation	
08.088	迷走-迷走反射	vago-vagal reflex	兴奋通过迷走神经干内的传入和传出神经纤维所引起的反射。
08.089	吸收	absorption	
08.090	微绒毛	microvillus	
08.091	乳化作用	emulsification	
08.092	微胶粒作用	micellization	
08.093	微胶粒脂酶	micelle lipase	
08.094	乳糜	chyle	
08.095	乳糜微粒	chylomicron	
08.096	膜消化	membrane digestion	胃肠道上皮细胞膜上的酶对食物的消化。
08.097	细胞保护作用	cytoprotection	

09. 排　泄

序　码	汉　文　名	英　文　名	注　释
09.001	排泄	excretion	
09.002	肾单位	nephron	
09.003	皮质肾单位	cortical nephron	
09.004	近髓肾单位	juxtamedullary nephron	又称"髓旁肾单位"。
09.005	近侧肾单位	proximal nephron	
09.006	远侧肾单位	distal nephron	
09.007	尿生成	urine formation	
09.008	滤过膜	filter membrane	
09.009	涎蛋白	sialoprotein	又称"唾液蛋白"。
09.010	肾小球毛细血管压	glomerular capillary pressure	
09.011	[肾小]囊内压	hydrostatic pressure in Bowman's space	
09.012	肾小球滤过	glomerular filtration	
09.013	超滤液	ultrafiltrate	
09.014	肾小球滤过率	glomerular filtration rate, GFR	
09.015	滤过分数	filtration fraction	
09.016	近端小管	proximal tubule	
09.017	远端小管	distal tubule	
09.018	髓袢	Henle's loop	又称"亨利袢"。
09.019	髓袢升支粗段	ascending thick limb of Henle's loop	
09.020	髓袢升支细段	ascending thin limb of Henle's loop	
09.021	直小血管	vasa recta (拉)	
09.022	肾小管重吸收	tubular reabsorption	
09.023	优先重吸收	preferential reabsorption	
09.024	恒定比率重吸收	constant fraction reabsorption	近端小管对钠和水的重吸收与滤过量成一定的比例关系。
09.025	肾小管负荷	tubular load	
09.026	协同转运	co-transport	
09.027	逆向转运	antiport	
09.028	肾小管最大转运	maximal rate for tubular	

序 码	汉 文 名	英 文 名	注 释
	率	transport, tubular transport maximum, Tm	
09.029	紧密连接	tight junction	
09.030	回漏	back-leak	
09.031	泵漏模式	pump-leak model	
09.032	[肾小]球-[肾小]管平衡	glomerulo-tubular balance	
09.033	[肾小]管-[肾小]球反馈	tubulo-glomerular feedback	
09.034	肾糖阈	renal glucose threshold	
09.035	[肾小]球旁器	juxtaglomerular apparatus, JGA	又称"近球小体"。
09.036	[肾小]球旁细胞	juxtaglomerular cell	又称"近球细胞"。
09.037	致密斑	macula densa (拉)	
09.038	利尿钠激素	natriuretic hormone	血浆量增多时，体内生成的一种能抑制钠泵功能和促进尿钠排出的物质。
09.039	肾小管分泌	tubular secretion	
09.040	氢钠离子交换	hydrogen-sodium exchange	
09.041	钾钠离子交换	potassium-sodium exchange	
09.042	尿液酸化	acidification of urine	
09.043	氢泵	hydrogen pump	
09.044	等氢离子原理	isohydric principle	血浆中的氢离子不论来自何种酸性物质，都可被任何一对缓冲剂的负离子所中和，产生同样的缓冲效果。
09.045	尿浓缩机制	urinary concentrating mechanism	
09.046	尿稀释机制	urinary diluting mechanism	
09.047	逆流交换[机制]	counter-current exchange [mechanism]	
09.048	逆流倍增[机制]	counter-current multiplication [mechanism]	
09.049	[肾]髓质渗透压梯度	medullary osmotic pressure gradient	
09.050	髓质高渗	hypertonicity in the medulla	
09.051	尿素再循环	urea recirculation	

序 码	汉 文 名	英 文 名	注 释
09.052	肾血流量	renal blood flow, RBF	
09.053	肾血浆流量	renal plasma flow, RPF	
09.054	血浆清除率	plasma clearance	
09.055	自由水清除率	free water clearance	又称"游离水清除率"。可用C_{H_2O}表示。
09.056	渗透清除率	osmolar clearance, Cosm	
09.057	菊糖清除率	inulin clearance	
09.058	对氨基马尿酸盐清除率	paraaminohippurate clearance	
09.059	肌酸酐清除率	creatinine clearance	
09.060	尿	urine	
09.061	无尿	anuria	
09.062	少尿	oliguria	
09.063	多尿	polyuria	
09.064	夜尿	nocturia	
09.065	利尿	diuresis	
09.066	抗利尿	antidiuresis	
09.067	水利尿	water diuresis	
09.068	渗透性利尿	osmotic diuresis	
09.069	低渗尿	hypotonic urine	
09.070	高渗尿	hypertonic urine	
09.071	糖尿	glycosuria, glucosuria	
09.072	蛋白尿	proteinuria	
09.073	尿钠增多	natriuresis	
09.074	尿钾增多	kaliuresis	
09.075	尿氯增多	chloriuresis	
09.076	尿重碳酸盐增多	bicarbonaturia	
09.077	尿磷酸盐增多	phosphaturia	
09.078	膀胱内压	intravesical pressure	
09.079	尿意	micturition desire	
09.080	排尿	micturition, urination, uresis	
09.081	排尿反射	micturition reflex	
09.082	肾-肾反射	reno-renal reflex	一侧肾脏活动改变时，反射性地引起另一侧肾脏活动的改变。
09.083	膀胱-肾反射	vesico-renal reflex	膀胱充盈时，反射性地引起肾泌尿量减

序 码	汉文名	英 文 名	注 释
			少。
09.084	肝—肾反射	hepato-renal reflex	肝脏静脉回流受阻时，反射性地引起肾神经活动加强和肾排钠减少。
09.085	清除率试验	clearance test	
09.086	微穿刺技术	micropuncture technique	
09.087	微灌流技术	microperfusion technique	

10. 代谢、体温

序 码	汉文名	英 文 名	注 释
10.001	能量代谢	energy metabolism	
10.002	能量消耗	energy expenditure	
10.003	能量平衡	energy balance	又称"能量收支"。
10.004	能量交换	energy exchange	
10.005	代谢率	metabolic rate	
10.006	氧耗量	oxygen consumption	
10.007	卡价	caloric value	又称"热价"。
10.008	氧热价	thermal equivalent of oxygen	
10.009	呼吸商	respiratory quotient, RQ	
10.010	非蛋白呼吸商	nonprotein respiratory quotient, NPRQ	
10.011	代谢性产热	metabolic heat production	
10.012	体表面积	body surface area	
10.013	基础代谢	basal metabolism	
10.014	基础代谢率	basal metabolic rate, BMR	
10.015	[食物的]特殊动力效应	specific dynamic effect, SDE	
10.016	瘦体重	lean body mass, LBM	又称"无脂肪体重"。
10.017	代谢性冷习服	metabolic cold acclimatization	
10.018	肥胖[症]	obesity, adipositas	
10.019	摄食行为	feeding behavior	
10.020	有氧代谢	aerobic metabolism	
10.021	无氧代谢	anaerobic metabolism	
10.022	直接测热法	direct calorimetry	

序 码	汉 文 名	英 文 名	注 释
10.023	间接测热法	indirect calorimetry	
10.024	体温	body temperature	
10.025	正常体温	normothermia (拉)	
10.026	口腔温度	oral temperature	
10.027	腋下温度	auxillary temperature	
10.028	直肠温度	rectal temperature	
10.029	体核温度	core temperature	
10.030	体表温度	shell temperature	
10.031	恒温	homeothermia (拉)	
10.032	变温	poikilothermia (拉)	
10.033	体温过高	hyperthemia (拉)	
10.034	低体温	hypothermia (拉)	
10.035	体温调节	thermoregulation	
10.036	体温恒定	thermostasis	
10.037	调定点温度	set—point temperature, T—set	
10.038	自主性体温调节	automatic thermoregulation	又称"生理性体温"。
10.039	行为性体温调节	behavioral thermoregulation	
10.040	昼夜体温变动	diurnal thermal variation	
10.041	体温调节中枢	thermotaxic center	
10.042	产热中枢	thermogenic center	
10.043	散热中枢	thermolytic center	
10.044	温度适中范围	thermal neutral zone	
10.045	逆流热交换	counter current heat exchange	
10.046	战栗产热	shivering thermogenesis	
10.047	非战栗产热	non—shivering thermogenesis, NST	
10.048	内源性产热	endogenous heat production	
10.049	基础产热率	basal heat producing rate	
10.050	体温节律	body temperature rhythm	不依赖于醒觉睡眠周期的体温日节律。
10.051	冷敏神经元	cold—sensitive neuron	
10.052	热敏神经元	heat—sensitive neuron, warm—sensitive neuron	
10.053	产热	heat production	
10.054	散热	thermolysis, body heat loss	
10.055	热适应	heat adaptation	
10.056	冷适应	cold adaptation	

序 码	汉 文 名	英 文 名	注 释
10.057	冬眠	hibernation	
10.058	人工冬眠	induced hibernation	又称"诱发冬眠"。
10.059	低温耐受性	cold tolerance	
10.060	汗腺	sweat gland	
10.061	褐色脂肪	brown adipose tissue, brown fat	
10.062	出汗	perspiration	
10.063	不显汗	insensible perspiration	又称"不感蒸发"。
10.064	显汗	sensible perspiration, sweating	又称"可感蒸发"。
10.065	竖毛	pilo—erection	

11. 内分泌、生殖生理

序 码	汉 文 名	英 文 名	注 释
11.001	内分泌学	endocrinology	
11.002	内分泌	endocrine, internal secretion	
11.003	内分泌细胞	endocrine cell	
11.004	内分泌系统	endocrine system	
11.005	激素	hormone	
11.006	靶细胞	target cell	
11.007	靶腺	target gland	
11.008	远距分泌	telecrine	
11.009	旁分泌	paracrine	
11.010	神经分泌[作用]	neurocrine, neurosecretion	
11.011	神经内分泌	neuroendocrine	
11.012	神经激素	neurohormone	
11.013	神经内分泌细胞	neuroendocrine cell	
11.014	外激素	pheromone	
11.015	局部激素	local hormone	
11.016	含氮激素	nitrogenous hormone	
11.017	类固醇激素	steroid hormone	又称"甾类激素"。
11.018	激素原	prohormone	
11.019	前激素原	pre—prohormone	
11.020	生物钟	biologic clock, bioclock	
11.021	生物节律	biologic rhythm, biorhythm	
11.022	昼夜节律	circadian rhythm, diurnal rhythm	
11.023	月节律	lunar rhythm	

序 码	汉 文 名	英 文 名	注 释
11.024	年节律	cirannual rhythm	
11.025	接受位点	acceptor site	
11.026	信使	messenger	传递生物信息的物质。
11.027	第二信使学说	second messenger hypothesis	关于含氮激素作用机制的学说。
11.028	生物放大效应	biological amplification	使激素生物效应得以放大的一系列酶促反应。
11.029	减量调节	down regulation	激素使同类受体数量减少的作用。
11.030	增量调节	up regulation	激素使同类受体数量增多的作用。
11.031	活性中心	active center	
11.032	允许作用	permissive action	激素之间的一种协同作用。
11.033	异位激素	ectopic hormone	不是由原内分泌腺所产生的激素。
11.034	下丘脑-垂体门脉系统.	hypothalamic-hypophyseal portal system	
11.035	下丘脑促垂体区	hypothalamic hypophysiotropic area	
11.036	肽类激素	peptide hormone	
11.037	下丘脑调节性多肽	hypothalamic regulatory peptides	
11.038	促甲状腺[激]素释放激素	thyrotropin-releasing hormone, TRH	
11.039	促性腺[激]素释放激素	gonadotropin-releasing hormone, GnRH	又称"黄体生成素释放激素 (LHRH)"。
11.040	生长[激]素释放激素	growth hormone releasing hormone, GHRH	
11.041	生长抑素	growth hormone release inhibiting hormone, GIH, somatostatin	又称"生长激素释放抑制激素"。
11.042	促肾上腺皮质[激]素释放因子	corticotropin-releasing factor, CRF	
11.043	催乳素释放因子	prolactin releasing factor, PRF	
11.044	催乳素释放抑制	prolactin release inhibiting factor,	

序　码	汉文名	英文名	注　释
	因子	PRIF	
11.045	促黑[素细胞]激素释放因子	melanocyte-stimulating hormone releasing factor, MRF	
11.046	促黑[素细胞]激素释放抑制因子	melanocyte-stimulating hormone release inhibiting factor, MIF	
11.047	神经降压肽	neurotensin, NT	又称"神经降压素"。首先在脑内发现，是具有明显降压作用的13肽。
11.048	下丘脑-神经垂体系统	hypothalamo-neurohypophyseal system	
11.049	神经垂体素运载蛋白	neurophysin	
11.050	结节-漏斗系统	tubero-infundibular system	
11.051	阵发式分泌	episodic secretion	下丘脑和垂体激素释放的一种方式。
11.052	下丘脑-垂体-甲状腺轴	hypothalamic-pituitary-thyroid axis	
11.053	下丘脑-垂体-肾上腺轴	hypothalamic-pituitary-adrenal axis	
11.054	下丘脑-垂体-性腺轴	hypothalamic-pituitary-gonad axis	
11.055	腺垂体	adenohypophysis, anterior pituitary	又称"垂体前叶"。
11.056	垂体前叶激素	anterior pituitary hormone	
11.057	促甲状腺[激]素	thyroid-stimulating hormone, thyrotropin, TSH	
11.058	促肾上腺皮质激素	adrenocorticotropic hormone, corticotropin, ACTH	
11.059	促黑[素细胞]激素	melanocyte-stimulating hormone, MSH	
11.060	促性腺激素	gonadotropic hormone, gonadotropin, GTH	为FSH和LH的统称。
11.061	黄体生成素	luteinizing hormone	
11.062	促卵泡激素	follicle stimulating hormone	
11.063	生长激素	growth hormone, GH, somatotropin	

序码	汉文名	英文名	注释
11.064	生长素介质	somatomedin, SOM	又称"生长调节素"。
11.065	催乳素	prolactin, PRL	
11.066	高催乳素血症	hyperprolactinemia	
11.067	前阿黑皮素原	pre-pro-opiomelanocortin, pre-POMC	
11.068	促脂解素	lipotropin, LPH	
11.069	垂体中间叶激素	intermedin	
11.070	中间叶促皮质样肽	corticotropin-like intermediate peptide, CLIP	
11.071	神经垂体	neurohypophysis, posterior pituitary	又称"垂体后叶"。
11.072	垂体后叶激素	neurohypophyseal hormone, hypophysin	
11.073	精氨酸升压素	arginine-vasopressin, AVP	
11.074	催产素	oxytocin, OXT	
11.075	8-精催产素	8-arginine-vasotocin, AVT, vasotocin	又称"8-精加压催产素"。
11.076	垂体功能亢进	hyperpituitarism	
11.077	垂体功能减退	hypopituitarism	
11.078	甲状腺	thyroid gland	
11.079	甲状腺激素	thyroid hormone	
11.080	三碘甲腺原氨酸	3,5,3'-triiodothyronine, T_3	
11.081	甲状腺素	thyroxine, tetraiodothyronine, T_4	又称"四碘甲腺原氨酸"。
11.082	碘泵	iodine pump	
11.083	甲状腺球蛋白	thyroglobulin, TG	
11.084	碘化酪氨酸	iodotyrosine	
11.085	甲状腺胶质	thyroid colloid	
11.086	甲状腺素结合球蛋白	thyroxine-binding globulin, TBG	
11.087	甲状腺素结合前白蛋白	thyroxine-binding prealbumin, TBPA	
11.088	刺激甲状腺免疫球蛋白	thyroid-stimulating immunoglobulin, TSI	
11.089	长效甲状腺刺激物	long-acting thyroid stimulator, LATS	
11.090	甲状腺功能亢进	hyperthyroidism, hyperthyrosis,	

序 码	汉 文 名	英 文 名	注 释
		hyperthyrea	
11.091	甲状腺功能减退	hypothyroidism, hypothyrosis, hypothyrea	
11.092	甲状腺肿	goiter	
11.093	肾上腺皮质	adrenal cortex	
11.094	肾上腺髓质	adrenal medulla	
11.095	肾上腺皮质激素	adrenal cortical hormone, corticoid	
11.096	皮质类固醇结合球蛋白	corticosteroid-binding globulin, CBG, transcortin	又称"皮质激素运载蛋白"。
11.097	糖皮质激素	glucocorticoid, glucocorticosteroid	又称"糖皮质类固醇"。
11.098	皮质酮	corticosterone	
11.099	皮质醇	cortisol, hydrocortisone	又称"氢化可的松"。
11.100	应激激素	stress hormone	
11.101	盐皮质激素	mineralocorticoid	又称"盐皮质类固醇"。
11.102	醛固酮	aldosterone	
11.103	脱氧皮质[甾]酮	deoxycorticosterone, DOC	
11.104	诱导蛋白	induced protein	激素通过基因调节作用诱发生成的酶。
11.105	长环反馈	long-loop feedback	
11.106	短环反馈	short-loop feedback	
11.107	超短环反馈	ultrashort-loop feedback	
11.108	脱氢表雄酮	dehydroepiandrosterone	
11.109	男性化	virilism	
11.110	肾上腺皮质功能不全	adrenal insufficiency	又称"阿狄森病 (Addison's disease)"。
11.111	肾上腺皮质功能亢进	hyperadrenocorticism, hypercorticism, hypercorticalism	
11.112	肾上腺皮质功能减退	hypoadrenocorticism, hypocorticism, hypocorticalism	
11.113	应急反应	emergency reaction, fight-flight reaction	机体在特殊紧急情况下所作的全身性反应。
11.114	胰岛素	insulin	
11.115	胰岛素血症	insulinemia	
11.116	高血糖	hyperglycemia	

序 码	汉文名	英 文 名	注 释
11.117	低血糖	hypoglycemia	
11.118	胰岛素样生长因子	insulin-like growth factor, IGF	
11.119	神经生长因子	nerve growth factor	
11.120	上皮生长因子	epidermal growth factor	
11.121	胰高血糖素	glucagon	
11.122	胆钙化[甾]醇	cholecalciferol	又称"维生素 D_3"。
11.123	25-羟胆钙化醇	25-hydroxycholecalciferol, 25(OH)-D_3	
11.124	1,25-二羟胆钙化醇	1,25-dihydroxycholecalciferol, 1,25(OH)$_2D_3$	
11.125	甲状旁腺	parathyroid gland	
11.126	甲状旁腺功能亢进	hyperparathyroidism	
11.127	甲状旁腺功能减退	hypoparathyroidism	
11.128	高血钙	hypercalcemia	
11.129	低血钙	hypocalcemia	
11.130	甲状旁腺[激]素	parathyroid hormone, PTH	
11.131	降钙素	calcitonin, CT	
11.132	前列腺素	prostaglandin, PG	
11.133	胸腺	thymus	
11.134	松果腺[体]	pineal gland [body]	
11.135	胸腺[激]素	thymosin	
11.136	松果体激素	pineal hormone	
11.137	褪黑[激]素	melatonin, MLT	又称"N-乙酰-5-甲氧基色胺"。
11.138	生殖	reproduction	
11.139	性腺	gonad	
11.140	卵巢	ovary	
11.141	睾丸	testis	
11.142	雄激素	androgen	
11.143	睾酮	testosterone	
11.144	5α-双氢睾酮	5α-dihydrotestosterone, DHT	
11.145	雄激素结合蛋白	androgen-binding protein, ABP	
11.146	孕激素	progestogen	
11.147	孕酮	progesterone	

序 码	汉 文 名	英 文 名	注 释
11.148	雌激素	estrogen, E	
11.149	雌二醇	estradiol, E_2	
11.150	雌酮	estrone, E_1	
11.151	雌三醇	estriol, E_3	
11.152	抑制素	inhibin	
11.153	性激素结合球蛋白	sex hormone binding globulin, SHBG	又称"睾酮-雌二醇结合球蛋白(testosterone-estradiol binding globulin)"。
11.154	血-睾屏障	blood-testis barrier	
11.155	生精周期	spermatogenic cycle	
11.156	性周期	sexual cycle	又称"生殖周期"。
11.157	动情周期	estrous cycle	
11.158	动情前期	proestrus	
11.159	动情期	estrus	
11.160	动情后期	metaestrus	
11.161	动情间期	diestrus	
11.162	季节性繁殖	seasonal breeding	
11.163	青春期	puberty	
11.164	副性征	secondary sexual characteristics	
11.165	育龄	reproductive life	
11.166	月经周期	menstrual cycle	
11.167	月经	menstruation, menses	
11.168	月经初潮	menarche	
11.169	闭经	amenorrhea	
11.170	绝经[期]	menopause	
11.171	更年期	climacteric period	
11.172	卵巢周期	ovarian cycle	
11.173	卵泡期	follicular phase	
11.174	黄体期	luteal phase	
11.175	卵泡发育	follicular development	
11.176	排卵	ovulation	
11.177	反射性排卵	reflex ovulation	
11.178	黄体化	luteinization	
11.179	黄体溶解	luteolysis	
11.180	子宫周期	uterine cycle	
11.181	子宫内膜周期	endometrical cycle	

序 码	汉 文 名	英 文 名	注 释
11.182	增殖期	proliferative phase	
11.183	分泌期	secretory phase	
11.184	性反射	sexual reflex	
11.185	性行为	sexual behavior	
11.186	勃起	erection	
11.187	射精	ejaculation	
11.188	性交	coitus, copulation	又称"交媾"。
11.189	获能	capacitation	精子在雌性生殖道中停留后，可获得使卵子受精的能力。
11.190	去[获]能	decapacitation	
11.191	顶体反应	acrosome reaction	
11.192	精子穿入	sperm penetration	
11.193	受精	fertilization	
11.194	受精卵	fertilized ovum	
11.195	着床	nidation	
11.196	植入	implantation	受精卵进入子宫内膜的过程。
11.197	妊娠	pregnancy, gestation	
11.198	分娩	parturition, delivery	
11.199	松弛素	relaxin	
11.200	假孕	pseudopregnancy, pseudocyesis	
11.201	人工授精	artificial insemination	
11.202	避孕	contraception	
11.203	绝育	sterillization	
11.204	阉割	castration	
11.205	生育力	fertility	
11.206	不育	infertility, sterility	
11.207	母体妊娠识别	maternal recognition of pregnancy	
11.208	人绒毛膜促性腺激素	human chorionic gonadotrophin, HCG	
11.209	人类绝经期促性腺激素	human menopausal gonadotropin, HMG	
11.210	胎盘转运	placental transport	
11.211	人胎盘催乳素	human placental lactogen, HPL	又称"人绒毛膜生长素 (human chorionic somatomammotrophin,

序 码	汉文名	英 文 名	注 释
			HCS)"。
11.212	胎儿抗原性	fetal antigenicity	
11.213	母体免疫系统	mother's immune system	
11.214	哺乳	lactation	又称"授乳"。
11.215	初乳	colostrum	
11.216	成熟乳汁	mature milk	
11.217	排乳反射	milk ejection reflex	
11.218	生物学鉴定法	biological assay, bioassay	
11.219	摘除	removal, extirpation	
11.220	垂体摘除术	hypophysectomy	
11.221	移植	transplantation, reimplantation	

12. 特殊环境生理学

序 码	汉文名	英 文 名	注 释
12.001	环境生理学	environmental physiology	
12.002	暴露阈限值	exposure threshold limit value	
12.003	耐受限度	tolerance limit	
12.004	适应性锻炼	adaptive training	
12.005	脱适应	deadaptation	
12.006	再适应	readaptation	
12.007	习服	acclimatization	
12.008	脱习服	deacclimatization	
12.009	生命保障系统	life—support system, LSS	曾用名"生命支持系统"、"生命维持系统"。
12.010	体能	physical fitness	曾用名"健适"。
12.011	航空－航天生理学	aerospace physiology	
12.012	航空生理学	aviation physiology	
12.013	航天生理学	space physiology	
12.014	人机环境系统	man—machine—environment system	
12.015	高空低氧	altitude hypoxia	
12.016	低氧血症	hypoxemia, mionectic blood	
12.017	有效意识时间	time of useful consciousness, TUC	
12.018	低压舱模拟飞行	simulated flight in hypobaric	

序 码	汉文名	英 文 名	注 释
		chamber	
12.019	高空胃肠胀气	barometerism	
12.020	等效高度	equivalent altitude	
12.021	加压呼吸	pressure breathing	又称"正压呼吸"。
12.022	迅速减压	rapid decompression	
12.023	体液沸腾	ebullism	
12.024	空晕病	airsickness	又称"晕机"。
12.025	运动病	motion sickness	
12.026	高空减压病	altitude decompression sickness	
12.027	气压性损伤	barotrauma	简称"气压伤"。
12.028	气哽	chokes	
12.029	屈肢症	bends	
12.030	中心视力丧失	central light loss, CLL	曾用名"黑视(blackout)"。主要因视网膜重度缺血引起视觉丧失，但意识仍清楚，感觉"眼前一片漆黑"。
12.031	周边视力丧失	peripheral light loss, PLL	曾用名"灰视(greyout)"。主要因视网膜缺血引起周边视力丧失。
12.032	红视	redout	主要因视网膜充血而感觉"眼前一片红"。
12.033	闪光盲	flash blindness	
12.034	飞行错觉	illusion in flight	
12.035	空间近视	empty-field myopia	
12.036	压力性眩晕	pressure vertigo	
12.037	噪声性听力减退	noise-induced hearing loss	
12.038	下肢负压	leg negative pressure, LNP	
12.039	超重	hypergravitation	
12.040	失重	weightlessness	
12.041	微重力	microgravity	
12.042	排氮	denitrogen	
12.043	排氧	deoxygenation	
12.044	航天病	space sickness	
12.045	空间定向障碍	spatial disorientation	
12.046	空中失能	inflight incapacitation	

序 码	汉文名	英 文 名	注 释
12.047	科里奥利加速度	Coriolis acceleration	头部在同一时间内获得不同矢量的加速度。
12.048	高山病	mountain sickness	
12.049	肺动脉高压	pulmonary hypertension	
12.050	航海生理学	nautical physiology	
12.051	潜水生理学	diving physiology	
12.052	晕船	sea sickness	
12.053	安全脱饱和	safe desaturation	
12.054	安全过饱和	safe supersaturation	
12.055	半饱和时间	half-saturation time	
12.056	半饱和时间单位	half-saturation time unit	又称"假定时间单位"。
12.057	饱和潜水	saturation diving	
12.058	巡回潜水	excursion diving	
12.059	屏气潜水	breath-hold diving	
12.060	不减压潜水	no decompression diving	
12.061	常氧氮[混合气]	normoxic nitrogen	
12.062	常氧氦[混合气]	normoxic helium	
12.063	氮麻醉	nitrogen narcosis	
12.064	等压气体逆向扩散	isobaric gas counter diffusion	
12.065	高压氧	hyperbaric oxygen, HBO	
12.066	氧中毒	oxygen toxicity	
12.067	高压神经综合征	high pressure nervous syndrome, HPNS	
12.068	氦氧潜水	helium-oxygen diving, heliox diving	
12.069	氦语音	helium voice, helium speech	
12.070	加压	compression	
12.071	减压	decompression	
12.072	阶段减压	stage decompression	
12.073	潜水减压病	diving decompression sickness	
12.074	潜水员眩晕症	diver's staggers	
12.075	减压性骨坏死	dysbaric osteonecrosis	
12.076	挤压伤	squeeze	全身处于高气压环境，局部因压力低于环境而遭受的气压性

序 码	汉 文 名	英 文 名	注 释
			损伤。
12.077	气致渗透	gas-induced osmosis	
12.078	水面当量	surface-equivalent	水下高压气体的组分浓度，折算成水面常压状态下所相当的值。
12.079	水下听觉	underwater hearing	潜水时，耳传音、听力、音源定向等的改变。
12.080	水下视觉	underwater vision	潜水时，立体视觉多变，眼屈光度以及色觉等的改变。
12.081	瓦尔萨尔瓦动作	Valsalva maneuver	又称"堵鼻鼓气法"。
12.082	高温生理学	high temperature physiology	
12.083	热积蓄	heat accumulation	
12.084	热虚脱	heat collapse	
12.085	热痉挛	heat cramp	
12.086	热衰竭	heat exhaustion	
12.087	热僵	heat rigor	
12.088	微小气候	microclimate	
12.089	脱水	dehydration	
12.090	日射热	sun stroke	
12.091	体温分域	temperature topography	
12.092	低温生理学	cryophysiology	
12.093	血管性水肿	angioedema	
12.094	冷利尿	cold-diuresis	
12.095	冷冻损伤	cryodamage	
12.096	冷痛	crymodynia	
12.097	湿冷病	wet cold disease	
12.098	摩尔凝固热	mol solidifying heat	
12.099	运动生理学	athletic physiology	
12.100	劳动生理学	work physiology	
12.101	有氧代谢能力	aerobic capacity	
12.102	无氧代谢能力	anaerobic capacity	
12.103	无氧阈	anaerobic threshold, AT	
12.104	最大摄氧量	maximal oxygen uptake	
12.105	最大氧耗量	maximal oxygen consumption	

序　码	汉 文 名	英 文 名	注　　释
12.106	耐力	endurance capacity	
12.107	最大体力劳动能力	maximal physical work capacity, PWC$_{max}$	
12.108	体能评价	physical fitness assessment	
12.109	运动试验	exercise test	
12.110	皮褶厚度	skinfold	
12.111	自感用力度	perceived rate of exertion, PRE	
12.112	离心型运动	eccentric exercise	
12.113	向心型运动	concentric exercise	
12.114	动力测量	dynamometry	
12.115	热身运动	warming up	又称"准备运动"。

13. 实 验 仪 器

序　码	汉 文 名	英 文 名	注　　释
13.001	生物电前级放大器	bioelectrical preamplifier	又称"生物电前置放大器"。
13.002	电刺激器	electrical stimulator	
13.003	刺激隔离器	stimulus isolator	
13.004	微电极放大器	microelectrode amplifier	
13.005	生物信息处理仪	biological signal processor	
13.006	信号平均仪	signal averager	
13.007	电生理示波器	physiological electronic oscilloscope	
13.008	生物电积分仪	bioelectrical integrator	
13.009	生物电微分仪	bioelectrical differentiator	
13.010	多道[生理]记录仪	polygraph	
13.011	心电图机	electrocardiograph, ECG	又称"心电图描记器"。
13.012	脑电图机	electroencephalograph, EEG	又称"脑电图描记器"。
13.013	肌电图机	electromyograph, EMG	又称"肌电图描记器"。
13.014	微电泳仪	microiontophoresis apparatus	
13.015	电压箝放大器	voltage clamp amplifier	
13.016	微电极拉制器	microelectrode puller	
13.017	磁带记录仪	tape recorder	
13.018	记忆示波器	memory oscilloscope	

序　码	汉文名	英　文　名	注　释
13.019	立体定位仪	stereotaxic apparatus	
13.020	扫描电镜	scanning electron microscope	
13.021	立体显微镜	stereomicroscope	
13.022	微操作器	micromanipulator	
13.023	记纹器	kymograph	曾用名"记纹鼓"。
13.024	肌动描记器	myograph	
13.025	测力计	ergometer	
13.026	通用杠杆	universal lever	
13.027	等长传感器	isometric transducer	
13.028	等张传感器	isotonic transducer	
13.029	刺激电极	stimulating electrode	
13.030	记录电极	recording electrode	
13.031	乏极化电极	non-polarizable electrode	
13.032	微电极	microelectrode	
13.033	离子选择电极	ion selective electrode	
13.034	同心电极	coaxal electrode	
13.035	电磁标	signal magnet	
13.036	通用支架	universal stand	曾用名"万用支架"。
13.037	神经盒	nerve chamber	
13.038	动物头夹	animal head holder	
13.039	插管	cannula	
13.040	动脉夹	bulldog clamp	
13.041	恒温浴槽	thermostatic bath	
13.042	粘度计	viscometer	
13.043	渗透压计	osmometer	
13.044	血氧计	oximeter	
13.045	血红蛋白计	hemometer	
13.046	流式细胞器	flow cytometer	
13.047	流式细胞分选器	flow cell sorter	
13.048	血细胞计数器	blood cell counter, hematimeter	
13.049	扩散盒	diffusion chamber	
13.050	血压传感器	blood pressure transducer	
13.051	检压计	manometer	
13.052	脉搏描记器	sphygmograph	
13.053	电磁血流量计	electromagnetic blood flow meter	
13.054	多普勒超声流量计	Doppler ultrasonic flow meter	

序 码	汉文名	英文名	注 释
13.055	血压计	sphygmomanometer, hemomanometer	
13.056	心冲击描记器	ballistocardiograph	
13.057	微量灌流泵	microperfusion pump	
13.058	心率计	cardiotachograph	
13.059	体积描记器	plethysmograph	
13.060	肺量计	spirometer	
13.061	呼吸速率计	pneumotachograph	
13.062	人工呼吸器	artificial respirator	
13.063	呼吸描记器	pneumograph	
13.064	二氧化碳分析仪	capnograph	
13.065	血液气体分析仪	blood gas analyzer	
13.066	氧分析仪	oxygen analyzer	
13.067	道格拉斯袋	Douglas bag	曾用名"多氏袋"。
13.068	热量计	calorimeter	
13.069	代谢计	metabolimeter	
13.070	变温器	thermode	
13.071	温度图仪	thermograph	
13.072	听力计	audiometer	
13.073	嗅觉计	olfactometer	
13.074	视野计	perimeter	
13.075	屈光计	dioptometer	
13.076	适应计	adaptometer	
13.077	眼震[颤]描记仪	nystagmograph	
13.078	液体闪烁计数器	liquid scintillation counter	
13.079	高压液相色谱仪	high pressure liquid chromatograph	
13.080	加压舱	compression chamber	又称"高压舱"。
13.081	低压舱	low pressure chamber	又称"减压舱"。
13.082	人工重力航天模拟器	artificial gravity spacecraft simulator	
13.083	超声气泡探测仪	ultrasonic gas bubble detector	
13.084	自携式水下呼吸器	self-contained underwater breathing apparatus, SCUBA	

英 汉 索 引

A

abdominal breathing 腹式呼吸，* 膈呼吸 07.022

ABO blood group system ABO 血型系统 05.098

ABP 雄激素结合蛋白 11.145

absolute refractory period 绝对不应期 01.060

absorption 吸收 08.089

acceptor site 接受位点 11.025

acclimatization 习服 12.007

accommodation 顺应 01.057

acetylcholine 乙酰胆碱 02.036

ACh 乙酰胆碱 02.036

achromatic color 无色 04.088

acidemia 酸血[症] 05.032

acidification of urine 尿液酸化 09.042

acoustic impedance matching of middle ear 中耳声阻抗匹配 04.144

acrosome reaction 顶体反应 11.191

ACTH 促肾上腺皮质激素 11.058

action current 动作电流 02.002

action potential 动作电位 02.001

activation 激活 02.019

activator of plasminogen 纤溶酶原激活物 05.076

active center 活性中心 11.031

active transport 主动转运 01.040

adaptation 适应 01.058

adaptive behavior 适应性行为 03.212

adaptive training 适应性锻炼 12.004

adaptometer 适应计 13.076

Addison's disease * 阿狄森病 11.110

adenohypophysis 腺垂体，* 垂体前叶 11.055

adequate stimulus 适宜刺激 04.011

ADH 血管升压素，* 血管加压素，* 抗利尿激素 06.153

adipositas 肥胖[症] 10.018

adrenal cortex 肾上腺皮质 11.093

adrenal cortical hormone 肾上腺皮质激素 11.095

adrenaline 肾上腺素 03.062

adrenal insufficiency 肾上腺皮质功能不全 11.110

adrenal medulla 肾上腺髓质 11.094

adrenoceptor 肾上腺素受体 03.061

adrenocorticotropic hormone 促肾上腺皮质激素 11.058

aerobic capacity 有氧代谢能力 12.101

aerobic metabolism 有氧代谢 10.020

aerospace physiology 航空-航天生理学 12.011

afferent nerve 传入神经 03.103

after-discharge 后发放 03.112

after-hyperpolarization 后超极化 03.086

after-image 后象 04.104

afterload 后负荷 02.064

after-potential 后电位 02.009

after taste 余味 04.176

agglutination 凝集[作用] 05.096

agglutinin 凝集素 05.095

agglutinogen 凝集原 05.094

AHF * 抗血友病因子 05.061

air conduction 气导 04.140

airsickness 空晕病，* 晕机 12.024

airway resistance 呼吸道阻力，* 气道阻力 07.053

albumin 白蛋白 05.021

aldosterone 醛固酮 11.102

alkalemia 碱血[症] 05.033

all-or-none law 全或无定律 02.018

altitude decompression sickness 高空减压病 12.026

altitude hypoxia 高空低氧 12.015

alveolar arterial oxygen gradient 肺泡动脉血氧梯度 07.085

alveolar gas 肺泡气 07.019

alveolar gas exchange 肺泡气体交换 07.063

alveolar surfactant 肺泡表面活性物质 07.057

alveolar ventilation 肺泡通气 07.044

amenorrhea 闭经 11.169

ametropia 屈光不正 04.060

amine precursor uptake and decarboxylation system APUD系统 08.078

γ-aminobutyric acid γ-氨基丁酸 03.081

anaerobic capacity 无氧代谢能力 12.102

anaerobic metabolism 无氧代谢 10.021

anaerobic threshold 无氧阈 12.103

analgesia 镇痛，* 痛觉缺失 04.044

androgen 雄激素 11.142

androgen-binding protein 雄激素结合蛋白 11.145

angioedema * 血管性水肿 12.093

angiotensin 血管紧张素 06.149

animal head holder 动物头夹 13.038

anomalous rectification * 异常整流 06.031

ANP 心房钠尿肽，* 心钠素，* 心房肽 06.154

antagonism 拮抗作用 03.110

anterior pituitary 腺垂体，* 垂体前叶 11.055

anterior pituitary hormone 垂体前叶激素 11.056

anticoagulant 抗凝剂 05.069

anticoagulation 抗凝[作用] 05.071

antidiuresis 抗利尿 09.066

antidiuretic hormone 血管升压素，* 血管加压素，* 抗利尿激素 06.153

antidromic conduction 逆向传导 03.036

antihemophilic factor * 抗血友病因子 05.061

antiport 逆向转运 09.027

antithrombin Ⅲ 抗凝血酶 Ⅲ 05.070

anuria 无尿 09.061

aortic baroreflex 主动脉弓压力感受器反射 06.127

aortic nerve 降压神经，* 减压神经，* 主动脉神经 06.130

apnea 呼吸暂停 07.033

apneusis 长吸 07.030

apneustic center 长吸中枢 07.092

appetite 食欲 08.085

applied physiology 应用生理学 01.003

arginine-vasopressin 精氨酸升压素 11.073

8-arginine-vasotocin 8-精催产素，* 8-精加压催产素 11.075

arterial[blood] pressure 动脉[血]压 06.060

arterial compliance 动脉顺应性 06.080

arteriole 微动脉 06.089

arterio-venous shunt 动静脉短路 06.086

artificial breathing 人工呼吸 07.025

artificial gravity spacecraft simulator 人工重力航天模拟器 13.082

artificial insemination 人工授精 11.201

artificial intelligence 人工智能 03.273

artificial respiration 人工呼吸 07.025

artificial respirator 人工呼吸器 13.062

ascending activating system 上行激活系统 03.147

ascending thick limb of Henle's loop 髓袢升支粗段 09.019

ascending thin limb of Henle's loop 髓袢升支细段 09.020

association area 联络区 03.220

association neuron 联络神经元 03.031

astigmatism 散光 04.061

AT 无氧阈 12.103

AT Ⅲ 抗凝血酶 Ⅲ 05.070

ataxia 共济失调 03.181

athletic physiology 运动生理学 12.099

atrial natriuretic peptide 心房钠尿肽，* 心钠素，* 心房肽 06.154

atrio-ventricular delay 房-室延搁 06.045

attitudinal reflex 状态反射 03.197

audiogram 听力图 04.126

audiometer 听力计 13.072

audiometric curve 听力曲线 04.125

audiometry 测听[法]，* 听力测验法 04.185

audition 听觉 04.122

auditory adaptation 听觉适应 04.135

auditory threshold 听阈 04.123

augmentation 增大 03.128

augmented histamine test 组织胺加重试验 08.015

augmenting response 增大反应 03.241

autapse 自身突触 03.039

automaticity 自动节律性 06.037

automatic thermoregulation 自主性体温调节，* 生理性体温 10.038

autonomic nervous system 自主神经系统，* 植物性神经系统 03.186

autoreceptor 自身受体 03.056

autoregulation 自身调节 01.020

autorhythmic cell 自律细胞 06.027

autorhythmicity 自动节律性 06.037

auxillary temperature 腋下温度 10.027

average evoked potential 平均诱发电位 03.242

aviation physiology 航空生理学 12.012

AVP 精氨酸升压素 11.073

AVT 8-精催产素，* 8-精加压催产素 11.075

awareness of defecation 便意 08.087

axial flow 轴流 06.055

axo-axonic synapse 轴-轴突触 03.044

axo-dendritic synapse 轴-树突触 03.043

axon reflex 轴突反射 06.141

axoplasma flow 轴浆流 02.055

axoplasmic transport 轴浆运输 02.056

axo-somatic synapse 轴-体突触 03.042

B

background current 背景电流 06.030

back-leak 回漏 09.030

Bainbridge reflex 班布里奇反射 06.138

ballistocardiograph 心冲击描记器 13.056

barometerism 高空胃肠胀气 12.019

baroreceptor 压力感受器 04.024

baroreflex resetting 压力感受器反射重调定 06.133

barotrauma 气压性损伤，* 气压伤 12.027

basal heat producing rate 基础产热率 10.049

basal metabolic rate 基础代谢率 10.014

basal metabolism 基础代谢 10.013

basic electrical rhythm 基本电节律 08.034

basic taste sensation 基本味觉 04.179

bathmotropic action 变兴奋作用 06.113

BBB 血-脑屏障 05.002

behavior 行为 03.211

behavioral thermoregulation 行为性体温调节 10.039

belching 嗳气 08.016

Bell-Magendie law 贝-马定律，* 贝尔-马让迪定律 03.140

bends 屈肢症 12.029

BER 基本电节律 08.034

Bezold-Jarisch reflex 贝-亚反射，* 贝佐尔德-亚里施反射，* 贝-贾反射 06.139

bicarbonaturia 尿重碳酸盐增多 09.076

bile acid 胆汁酸 08.062

bile pigments 胆色素 08.059

bile salts 胆[汁]盐 08.060

binaural hearing 双耳听觉 04.128

binocular competition 双眼竞争 04.112

binocular fusion 双眼视象融合 04.114

binocular parallax 双眼视差 04.113

binocular vision 双眼视觉 04.111

bioassay 生物学鉴定法 11.218

bioclock 生物钟 11.020

bioelectrical differentiator 生物电微分仪 13.009

bioelectrical integrator 生物电积分仪 13.008

bioelectrical preamplifier 生物电前级放大器，* 生物电前置放大器 13.001

biological amplification 生物放大效应 11.028

biological assay 生物学鉴定法 11.218

biological signal processor 生物信息处理仪 13.005

biologic clock 生物钟 11.020

biologic rhythm 生物节律 11.021

biorhythm 生物节律 11.021

biphasic action potential 双相动作电位

02.005

blackout　＊黑视　12.030

bleeding　出血　05.013

blindness　盲　04.117

blind spot　盲点　04.108

blink reflex　瞬目反射　04.119

α-block　α阻断　03.232

blood　血[液]　05.001

blood-brain barrier　血-脑屏障　05.002

blood cell counter　血细胞计数器　13.048

blood-cerebrospinal fluid barrier　血-脑脊液
　屏障　05.003

blood circulation　血[液]循环　06.001

blood clot retraction　血块收缩　05.048

blood clotting　血液凝固，＊凝血　05.049

blood coagulation　血液凝固，＊凝血
　05.049

blood coagulation factor　凝血因子　05.054

blood flow　血流量　06.052

blood gas analysis　血气分析　07.108

blood gas analyzer　血液气体分析仪　13.065

blood gas transport　血液气体运输　07.070

blood group　血型　05.097

blood loss　失血　05.014

blood plasma　血浆　05.019

[blood] platelet　血小板　05.030

blood pressure　血压　06.059

blood pressure transducer　血压传感器
　13.050

blood serum　血清　05.020

blood-testis barrier　血-睾屏障　11.154

blood type　血型　05.097

blood viscosity　血[液]粘度　05.034

blood volume　血量　05.015

BMR　基础代谢率　10.014

body fluid　体液　05.004

body fluid equilibrium　体液平衡　05.010

body heat loss　散热　10.054

body surface area　体表面积　10.012

body temperature　体温　10.024

body temperature rhythm　体温节律　10.050

bombesin　铃蟾肽，＊蛙皮素　08.079

bone conduction　骨导　04.141

BP　血压　06.059

BR　呼吸储备　07.059

bradycardia　心动过缓　06.109

bradykinin　缓激肽　03.076

bradypnea　呼吸缓慢，＊呼吸过慢　07.035

brain-gut peptide　脑-肠肽　08.080

breath-hold diving　屏气潜水　12.059

breath holding breaking point　屏气极点
　07.105

breathing cycle　呼吸周期　07.009

breathing mechanics　呼吸力学　07.026

breathing pattern　呼吸型式　07.020

breathing reserve　呼吸储备　07.059

brightness　亮度　04.097

Broca's area　布罗卡皮层区　03.219

bronchoconstriction　支气管收缩　07.054

bronchodilatation　支气管舒张　07.055

brown adipose tissue　褐色脂肪　10.061

brown fat　褐色脂肪　10.061

buffer nerve　缓冲神经　06.129

bulbogastrone　[十二指肠]球抑胃素　08.081

bulldog clamp　动脉夹　13.040

C

CA　儿茶酚胺　03.064

cable theory　电缆学说　02.031

caerulein　雨蛙肽　08.069

calcitonin　降钙素　11.131

calcitonin-gene-related peptide　降钙素基因相
　关肽　03.078

caloric value　卡价，＊热价　10.007

calorimeter　热量计　13.068

cannula　插管　13.039

capacitance vessel　容量血管　06.085

capacitation　获能　11.189

capillary fragility　毛细[血]管脆性　05.045

capillary permeability　毛细[血]管通透性
　05.046

capillary pressure　毛细血管血压　06.068

capnograph　二氧化碳分析仪　13.064

carbon dioxide capacity　二氧化碳容量　07.083

carbon dioxide content　二氧化碳含量　07.084

carbon dioxide dissociation curve　二氧化碳解离曲线　07.080

carbon dioxide tension　二氧化碳张力　07.067

cardiac accelerator nerve　心加速神经　06.102

cardiac augmentor nerve　心加强神经　06.103

cardiac catheterization　心导管插入术　06.163

cardiac contractility　心肌收缩性　06.034

cardiac cycle　心动周期　06.006

cardiac index　心指数　06.016

cardiac output　心输出量　06.015

cardiac receptor　心脏感受器　06.134

cardiac reserve　心力储备　06.024

cardiac sympathetic nerve　心交感神经　06.101

cardiac vagus nerve　心迷走神经　06.104

cardiopulmonary receptor reflex　心肺感受器反射　06.140

cardiotachograph　心率计　13.058

cardiovascular center　心血管中枢　06.121

carotid sinus baroreceptor reflex　颈动脉窦压力感受器反射　06.126

carrier　载体　01.039

cascade theory　瀑布学说　05.051

castration　阉割　11.204

catecholamine　儿茶酚胺　03.064

CBG　皮质类固醇结合球蛋白，* 皮质激素运载蛋白　11.096

CCK　缩胆囊素，* 胆囊收缩素　08.066

cell physiology　细胞生理学　01.005

center　中枢　03.013

central chemoreceptor　中枢化学感受器　07.099

central delay　中枢延搁　03.138

central inhibition　中枢抑制　03.107

central inspiratory activity　中枢吸气性活动　07.096

central light loss　中心视力丧失　12.030

central venous pressure　中心静脉压　06.066

central vision　中央视觉　04.049

centrencephalic system　中央脑系统　03.253

centrifugal control　离心控制　03.180

cephalic phase　头期　08.026

cerebral dominance theory　大脑半球优势学说　03.260

cerebral ischemic response　脑缺血反应　06.145

cerebrospinal fluid　脑脊液　05.005

cerveau isolé(法)　孤立脑　03.170

CGRP　降钙素基因相关肽　03.078

characteristic frequency of auditory neuron　听神经元特征频率　04.152

chemical digestion　化学消化　08.003

chemical synapse　化学突触　03.040

chemoreceptor　化学感受器　04.022

chemoreceptor reflex　化学感受器反射　06.132

chemoreflex　化学感受器反射　06.132

chemotaxis　趋化性　05.038

chloriuresis　尿氯增多　09.075

chokes　气哽　12.028

cholecalciferol　胆钙化[甾]醇，* 维生素 D_3　11.122

cholecystokinin　缩胆囊素，* 胆囊收缩素　08.066

cholic acid　胆酸　08.061

cholinoceptor　胆碱受体　03.057

chromaticity　色度　04.087

chronaxie (法)　时值　01.055

chronotropic action　变时作用　06.110

chyle　乳糜　08.094

chylomicron　乳糜微粒　08.095

chyme　食糜　08.010

chymotrypsin　糜蛋白酶　08.051

chymotrypsinogen　糜蛋白酶原　08.052

cirannual rhythm　年节律　11.024

circadian rhythm　昼夜节律　11.022

circulation time　循环时[间]　06.049

circulatory failure　循环衰竭　06.159

clearance test　清除率试验　09.085

climacteric period　更年期　11.171

CLIP　中间叶促皮质样肽　11.070

CLL　中心视力丧失　12.030

closing capacity　闭合容量　07.050

closing volume　闭合气量　07.049

CNV　关联性负变　03.225

coagulant　促凝剂　05.050

coaxal electrode　同心电极　13.034

cochlear mechanics　耳蜗力学　04.147

cochlear microphonic potential　耳蜗微音[器]
电位　04.150

coexistence of transmitters　递质共存　03.055

coitus　性交, * 交媾　11.188

cold adaptation　冷适应　10.056

cold-diuresis　冷利尿　12.094

cold-pressor reflex　冷升压反射　06.144

cold-sensitive neuron　冷敏神经元　10.051

cold tolerance　低温耐受性　10.059

collateral circulation　侧支循环　06.005

collateral inhibition　侧枝抑制　03.124

collision　碰撞　02.047

colloid osmotic pressure　胶体渗透压　05.036

colony stimulating factor　集落刺激因子
05.092

color blindness　色盲　04.095

color contrast　色对比　04.090

color discrimination　色辨别　04.089

color vision　色觉　04.086

colostrum　初乳　11.215

columnar organization　柱状组构　03.185

command neuron　指令神经元　03.033

comparative physiology　比较生理学　01.004

compensatory pause　代偿性间歇　06.036

complementary color　互补色　04.091

κ complex　κ复合波　03.233

complex cell　复杂细胞　03.154

compound action potential　复合动作电位
02.003

compression　加压　12.070

compression chamber　加压舱, * 高压舱
13.080

concentric exercise　向心型运动　12.113

conditioned reflex　条件反射　03.257

conditioned stimulus　条件刺激　03.261

conduction　传导　02.042

conduction block　传导阻滞　02.044

congenital behavior　先天性行为　03.091

consciousness　意识　03.251

consensual reaction　互感反应　04.070

constant-flow perfusion　恒流灌流　06.164

constant fraction reabsorption　恒定比率重吸
收　09.024

constipation　便秘　08.046

contact factor　* 接触因子　05.065

contingent negative variation　关联性负变
03.225

contraception　避孕　11.202

contractility　收缩性　02.068

contraction　收缩　02.066

contracture　挛缩　02.086

contrast sensitivity　对比敏感性　04.102

convergence　会聚　03.108

coordination　协调　03.004

copulation　性交, * 交媾　11.188

core temperature　体核温度　10.029

Coriolis acceleration　科里奥利加速度
12.047

cortical functional column　皮层功能柱
03.014

cortical motor area　皮层运动区　03.183

cortical nephron　皮质肾单位　09.003

cortical representation　皮层代表区　03.167

corticoid　肾上腺皮质激素　11.095

corticosteroid-binding globulin　皮质类固醇结
合球蛋白, * 皮质激素运载蛋白　11.096

corticosterone　皮质酮　11.098

corticotropin　促肾上腺皮质激素　11.058

corticotropin-like intermediate peptide　中间
叶促皮质样肽　11.070

corticotropin-releasing factor　促肾上腺皮质
[激]素释放因子　11.042

cortisol　皮质醇, * 氢化可的松　11.099

Cosm　渗透清除率　09.056

costal breathing　胸式呼吸　07.023

co-transport　协同转运　09.026

cough reflex　咳嗽反射　07.103

counter-current exchange [mechanism]　逆流交
换[机制]　09.047

counter current heat exchange　逆流热交换
10.045

counter-current multiplication [mechanism]
逆流倍增[机制]　09.048

creatinine clearance　肌酸酐清除率　09.059

CRF 促肾上腺皮质[激]素释放因子 11.042

critical closing pressure 临界闭合压 06.072

critical fusion frequency 临界融合频率 02.089

cross bridge 横桥 02.057

cross circulation 交叉循环 06.165

crossed extensor reflex 交叉伸肌反射 03.100

crymodynia 冷痛 12.096

cryodamage 冷冻损伤 12.095

cryophysiology 低温生理学 12.092

crystal osmotic pressure 晶体渗透压 05.037

CSF 集落刺激因子 05.092

CT 降钙素 11.131

Cushing′s response * 库欣反应 06.145

CVP 中心静脉压 06.066

cytoprotection 细胞保护作用 08.097

D

DA 多巴胺 03.065

damping vessel 阻尼血管 06.082

dark adaptation 暗适应 04.098

dark current 暗电流 04.075

deacclimatization 脱习服 12.008

deadaptation 脱适应 12.005

dead space 无效腔, * 死腔, * 死区 07.048

deafferentation 去传入 03.142

deafness 耳聋 04.138

decapacitation 去[获]能 11.190

decapitation 断头[术] 03.162

decerebrate animal 去大脑动物 03.169

decerebrate rigidity 去大脑僵直 03.168

decoagulant 抗凝剂 05.069

decompression 减压 12.071

deep sensation 深部感觉 04.035

defecation reflex 排便反射 08.045

defense reflex 防御反射 03.198

deglutation 吞咽 08.011

deglutation reflex 吞咽反射 08.012

dehydration 脱水 12.089

dehydroepiandrosterone 脱氢表雄酮 11.108

delayed heat 延迟热 02.082

delivery 分娩 11.198

dendro-dendritic synapse 树—树突触 03.045

denervation 去神经 03.017

denervation hypersensitization 去神经增敏 03.187

denitrogen 排氮 12.042

deoxycorticosterone 脱氧皮质[甾]酮 11.103

deoxygenation 排氧 12.043

deoxyhemoglobin 去氧血红蛋白 07.073

depolarization 去极化 01.065

depression 压抑 03.029

depressor area 降压区, * 减压区 06.124

depressor nerve 降压神经, * 减压神经, * 主动脉神经 06.130

depressor reflex 降压反射, * 减压反射 06.131

descending facilitatory system 下行易化系统 03.150

descending inhibition 下行抑制 03.125

descending inhibitory system 下行抑制系统 03.149

desensitization 脱敏作用 02.091

desynchronization 去同步化 03.235

developmental physiology 发育生理学 01.007

DHT 5α-双氢睾酮 11.144

diapedesis 血细胞渗出 05.043

diaphragmatic breathing 腹式呼吸, * 膈呼吸 07.022

diastasis 舒张末期 06.014

diastole 心舒期 06.008

diastolic pressure 舒张压 06.062

dicrotic incisure 降中峡 06.098

dicrotic notch 降中峡 06.098

dicrotic wave 降中波 06.097

diestrus 动情间期 11.161

differential blood count 白细胞分类计数 05.026

differentiation 分化 03.265

diffusion chamber 扩散盒 13.049

digestion 消化 08.001

digestive enzyme 消化酶 08.004

digestive juice 消化液 08.005

5α-dihydrotestosterone 5α-双氢睾酮 11.144

1,25-dihydroxycholecalciferol 1,25-二羟胆钙化醇 11.124

diopter 屈光度 04.057

dioptometer 屈光计 13.075

direct calorimetry 直接测热法 10.022

discharge 放电 02.041

discrimination threshold 辨别阈 04.014

disinhibition 去抑制 03.118

disparity [双眼象]差异 04.110

distal nephron 远侧肾单位 09.006

distal tubule 远端小管 09.017

diuresis 利尿 09.065

diurnal rhythm 昼夜节律 11.022

diurnal thermal variation 昼夜体温变动 10.040

divergence 分散 03.109

diver's staggers 潜水员眩晕症 12.074

diving decompression sickness 潜水减压病 12.073

diving physiology 潜水生理学 12.051

diving reflex 潜水反射 06.142

DOC 脱氧皮质[甾]酮 11.103

dominant hemisphere 优势半球 03.221

dopamine 多巴胺 03.065

Doppler ultrasonic flow meter 多普勒超声流量计 13.054

dorsal root potential 背根电位 03.136

dorsal root reflex 背根反射 03.097

double innervation 双重神经支配 06.100

Douglas bag 道格拉斯袋，* 多氏袋 13.067

down regulation 减量调节 11.029

drinking center 饮水中枢 03.201

dromotropic action 变传导作用 06.112

dTC 右旋筒箭毒 02.035

d-tubocurarine 右旋筒箭毒 02.035

duocrinin 促十二指肠液素 08.082

dynamic stereotype 动力定型 03.266

dynamometry 动力测量 12.114

dynorphin 强啡肽 03.073

dysbaric osteonecrosis 减压性骨坏死 12.075

dyspnea 呼吸困难 07.034

E

E 雌激素 11.148

E₁ 雌酮 11.150

E₂ 雌二醇 11.149

E₃ 雌三醇 11.151

early receptor potential 早感受器电位 04.076

ebullism 体液沸腾 12.023

eccentric exercise 离心型运动 12.112

ECG 心电图 06.047

ECG 心电图机，* 心电图描记器 13.011

echolocation 回声定位 04.157

ECochG 耳蜗电图 04.158

ECOG 脑皮层电图 03.227

ectopic hormone 异位激素 11.033

ectopic pacemaker 异位起搏点 06.042

edema 水肿 05.011

EDRF 内皮细胞舒血管因子 06.155

EEG 脑电图 03.226

EEG 脑电图机，* 脑电图描记器 13.012

effective filtration pressure 有效滤过压 06.074

effective refractory period 有效不应期 06.033

effector 效应器 03.105

γ-efferent fiber γ传出纤维 03.174

efferent nerve 传出神经 03.104

efflux 外向通量 01.025

ejaculation 射精 11.187

ejection fraction 射血分数 06.018

ejection period 射血期 06.010

electrical response audiometry 电反应测听术 04.186

electrical stimulator 电刺激器 13.002

electrical synapse 电突触 03.041

electrical transmission 电传递 03.048

electrocardiogram 心电图 06.047

electrocardiograph 心电图机，* 心电图描记器 13.011

electrocorticogram　脑皮层电图　03.227

electroencephalogram　脑电图　03.226

electroencephalograph　脑电图机，＊脑电图描记器　13.012

electrogenic pump　生电泵　01.038

electromagnetic blood flow meter　电磁血流量计　13.053

electromyogram　肌电图　02.094

electromyograph　肌电图机，＊肌电图描记器　13.013

electronystagmogram　眼震[颤]电图　04.080

electrooculogram　眼电图　04.079

electro-olfactogram　嗅电图　04.181

electroretinogram　视网膜电图　04.078

electrotonic potential　电紧张电位　02.014

electrotonus　电紧张　02.032

emergency reaction　应急反应　11.113

EMG　肌电图机，＊肌电图描记器　13.013

EMG　肌电图　02.094

emmetropia　正视眼　04.059

emotion　情绪　03.204

empty-field myopia　空间近视　12.035

emulsification　乳化作用　08.091

encephalization　大脑化　03.015

encéphale isolé(法)　孤立头　03.171

end-diastolic pressure　舒张期末压　06.019

end-expiratory gas　终末呼出气　07.082

endocochlear potential　耳蜗内电位　04.148

endocrine　内分泌　11.002

endocrine cell　内分泌细胞　11.003

endocrine system　内分泌系统　11.004

endocrinology　内分泌学　11.001

endogenous heat production　内源性产热　10.048

endogenous opioid peptide　内源性阿片样肽　03.067

endolymphatic potential　内淋巴电位　04.149

endometrical cycle　子宫内膜周期　11.181

endorphin　内啡肽　03.070

endothelin　内皮缩血管肽　06.156

endothelium-derived relaxing factor　内皮细胞舒血管因子　06.155

end-plate potential　终板电位　02.051

endurance capacity　耐力　12.106

energy balance　能量平衡，＊能量收支　10.003

energy exchange　能量交换　10.004

energy expenditure　能量消耗　10.002

energy metabolism　能量代谢　10.001

ENG　眼震[颤]电图　04.080

enhancement　增强　03.127

enkephalin　脑啡肽　03.071

enteric nervous system　肠神经系统　03.194

entero-gastric reflex　肠-胃反射　08.020

enterogastrone　肠抑胃素　08.070

enteroglucagon　肠高血糖素　08.071

enterohepatic circulation　肠肝循环　08.058

entero-insular axis　肠-胰岛轴　08.084

enterokinase　肠激酶　08.054

entero-oxyntin　肠泌酸素　08.073

environmental physiology　环境生理学　12.001

EOG　眼电图　04.079

EOG　嗅电图　04.181

epicritic sensation　精辨觉　03.145

epidermal growth factor　上皮生长因子　11.120

epinephrine　肾上腺素　03.062

episodic secretion　阵发式分泌　11.051

EPO　促红细胞生成素　05.093

EPP　终板电位　02.051

EPSP　兴奋性突触后电位　03.082

equal-loudness contour　等响曲线　04.134

equilibrium potential　平衡电位　02.015

equilibrium sensation　平衡感觉　04.164

equivalent altitude　等效高度　12.020

ERA　电反应测听术　04.186

erection　勃起　11.186

ERG　视网膜电图　04.078

ergometer　测力计　13.025

ERP　早感受器电位　04.076

ERV　补呼气量　07.042

erythrocyte　红细胞，＊红血球　05.024

erythropoiesis　红细胞生成　05.084

erythropoietin　促红细胞生成素　05.093

estradiol　雌二醇　11.149

estriol　雌三醇　11.151

estrogen　雌激素　11.148

estrone　雌酮　11.150

estrous cycle　动情周期　11.157

estrus　动情期　11.159

eupnea　平静呼吸　07.010

evoked potential　诱发电位　03.237

exchange vessel　交换血管　06.084

excitability　兴奋性　01.012

excitable cell　可兴奋细胞　01.013

excitation　兴奋　01.011

excitation-contraction coupling　兴奋收缩耦联　02.058

excitatory postsynaptic potential　兴奋性突触后电位　03.082

excitatory synapse　兴奋性突触　03.046

excitatory transmitter　兴奋性递质　03.054

excretion　排泄　09.001

excursion diving　巡回潜水　12.058

exercise test　运动试验　12.109

exocytosis　胞吐[作用]　05.040

expiration　呼气　07.003

expiratory center　呼气中枢　07.095

expiratory duration　呼气时间　07.016

expiratory gas　呼出气　07.018

expiratory reserve volume　补呼气量　07.042

exploratory behavior　探究行为　03.213

exposure threshold limit value　暴露阈限值　12.002

extension reflex　伸反射　03.102

external respiration　外呼吸　07.012

exteroceptor　外感受器　04.018

extirpation　摘除　11.219

extracellular fluid　细胞外液　05.007

extracellular recording　细胞外记录　02.093

extramedullary hemopoiesis　髓外造血　05.089

extrapyramidal system　锥体外系统　03.096

extrinsic coagulation　外源性凝血　05.052

F

facilitated diffusion　易化扩散　01.037

facilitation　易化　03.027

facilitatory region　易化区　03.151

factor I　[凝血]因子 I　05.055

factor II　[凝血]因子 II　05.056

factor III　[凝血]因子 III　05.057

factor IV　[凝血]因子 IV,＊钙离子　05.058

factor V　[凝血]因子 V　05.059

factor VII　[凝血]因子 VII　05.060

factor VIII　[凝血]因子 VIII　05.061

factor IX　[凝血]因子 IX　05.062

factor X　[凝血]因子 X　05.063

factor XI　[凝血]因子 XI　05.064

factor XII　[凝血]因子 XII　05.065

factor XIII　[凝血]因子 XIII　05.066

fast pain　快痛　04.041

fast response action potential　快反应动作电位　06.028

feces　粪便　08.044

feedback　反馈　01.033

feedforward　前馈　03.088

feeding behavior　摄食行为　10.019

feeding center　摄食中枢　03.202

Feng's effect　冯氏效应　02.090

fertility　生育力　11.205

fertilization　受精　11.193

fertilized ovum　受精卵　11.194

fetal antigenicity　胎儿抗原性　11.212

FEV　用力呼气量　07.046

FFF　闪光融合频率　04.106

fibrin　纤维蛋白　05.067

fibrinogen　＊纤维蛋白原　05.055

fibrinolysin　纤维蛋白溶酶　05.075

fibrinolysis　纤维蛋白溶解,＊纤溶　05.073

fibrin stabilizing factor　＊纤维蛋白稳定因子　05.066

Fick's principle　菲克原理,＊费克原理　06.161

fight-flight reaction　应急反应　11.113

filling period　充盈期　06.009

filter membrane　滤过膜　09.008

filtration fraction　滤过分数　09.015

final common path 最后公路 03.113
firing 发放 02.040
firing threshold 发放阈 02.077
first signal system 第一信号系统 03.269
flash blindness 闪光盲 12.033
flexion reflex 屈反射 03.101
flicker fusion frequency 闪光融合频率 04.106
flow cell sorter 流式细胞分选器 13.047
flow cytometer 流式细胞器 13.046
fluid mosaic model [膜]流体镶嵌模型 01.022
follicle stimulating hormone 促卵泡激素 11.062

follicular development 卵泡发育 11.175
follicular phase 卵泡期 11.173
forced breathing 用力呼吸 07.011
forced expiratory volume 用力呼气量 07.046
form discrimination 形象分辨 04.116
FRC 功能残气量 07.039
free water clearance 自由水清除率, * 游离水清除率 09.055
function 功能 01.008
functional localization 功能定位 03.009
functional residual capacity 功能残气量 07.039

G

GABA γ-氨基丁酸 03.081
gall bladder bile 胆囊胆汁 08.057
gas-induced osmosis 气致渗透 12.077
gasping 喘息 07.031
gastric acidity 胃液酸度 08.014
gastric emptying 胃排空 08.032
gastric fistula 胃瘘 08.023
gastric juice 胃液 08.013
gastric mucosal barrier 胃粘膜屏障 08.030
gastric phase 胃期 08.027
gastrin 促胃液素, * 胃泌素 08.064
gastro-electromyogram 胃肌电图 08.036
gastroenterology 胃肠学 08.006
gastro-intestinal reflex 胃-肠反射 08.019
gate-control theory 闸门控制学说 04.045
gating current 闸门电流 01.032
generalization 泛化 03.264
general physiology 普通生理学, * 一般生理学 01.002
generator potential 启动电位, * 发生器电位 04.006
gestation 妊娠 11.197
GFR 肾小球滤过率 09.014
GH 生长激素 11.063
GHRH 生长[激]素释放激素 11.040
GIH 生长抑素, * 生长激素释放抑制激素 11.041
GIP 糖依赖性胰岛素释放肽, * 抑胃肽

08.083
globulin 球蛋白 05.022
glomerular capillary pressure 肾小球毛细血管压 09.010
glomerular filtration 肾小球滤过 09.012
glomerular filtration rate 肾小球滤过率 09.014
glomerulo-tubular balance [肾小]球-[肾小]管平衡 09.032
glucagon 胰高血糖素 11.121
glucocorticoid 糖皮质激素, * 糖皮质类固醇 11.097
glucocorticosteroid 糖皮质激素, * 糖皮质类固醇 11.097
glucose-dependent insulinotropic peptide 糖依赖性胰岛素释放肽, * 抑胃肽 08.083
glucosuria 糖尿 09.071
glutamic acid 谷氨酸 03.079
glycine 甘氨酸 03.080
glycosuria 糖尿 09.071
GnRH 促性腺[激]素释放激素, * 黄体生成素释放激素 (LHRH) 11.039
goiter 甲状腺肿 11.092
gonad 性腺 11.139
gonadotropic hormone 促性腺激素 11.060
gonadotropin 促性腺激素 11.060
gonadotropin-releasing hormone 促性腺[激]素释放激素, * 黄体生成素释放激素

H

high pressure nervous syndrome 高压神经综合征 12.067

high-pressure receptor 高压系统感受器 06.137

high temperature physiology 高温生理学 12.082

HIM 造血[诱导]微环境 05.090

HLA 人类白细胞抗原系统 05.101

HMG 人类绝经期促性腺激素 11.209

homeostasis 稳态 01.017

homeothermia (拉) 恒温 10.031

homometric autoregulation 等长自身调节 06.021

hopping reflex 跳跃反射 03.179

hormone 激素 11.005

HPL 人胎盘催乳素 11.211

HPNS 高压神经综合征 12.067

5-HT 5-羟色胺 03.063

human chorionic gonadotrophin 人绒毛膜促性腺激素 11.208

human chorionic somatomammotrophin * 人绒毛膜生长素 11.211

human leucocyte antigen system 人类白细胞抗原系统 05.101

human menopausal gonadotropin 人类绝经期促性腺激素 11.209

human placental lactogen 人胎盘催乳素 11.211

humoral regulation 体液调节 01.019

hunger contraction 饥饿收缩 08.033

hydrocortisone 皮质醇, * 氢化可的松 11.099

hydrogen pump 氢泵 09.043

hydrogen-sodium exchange 氢钠离子交换 09.040

hydrostatic pressure 流体静力压 06.075

hydrostatic pressure in Bowman's space [肾小]囊内压 09.011

25-hydroxycholecalciferol 25-羟胆钙化醇 11.123

5-hydroxytryptamine 5-羟色胺 03.063

hyperadrenocorticism 肾上腺皮质功能亢进 11.111

hyperbaric oxygen 高压氧 12.065

hypercalcemia 高血钙 11.128

hypercapnia 高碳酸血症 07.089

hypercomplex cell 超复杂细胞 03.155

hypercorticalism 肾上腺皮质功能亢进 11.111

hypercorticism 肾上腺皮质功能亢进 11.111

hyperglycemia 高血糖 11.116

hypergravitation 超重 12.039

hypermetropia 远视 04.063

hyperparathyroidism 甲状旁腺功能亢进 11.126

hyperpituitarism 垂体功能亢进 11.076

hyperpnea 呼吸增强 07.007

hyperpolarization 超极化 01.067

hyperprolactinemia 高催乳素血症 11.066

hypertension 高血压 06.146

hyperthemia (拉) 体温过高 10.033

hyperthyrea 甲状腺功能亢进 11.090

hyperthyroidism 甲状腺功能亢进 11.090

hyperthyrosis 甲状腺功能亢进 11.090

hypertonicity in the medulla 髓质高渗 09.050

hypertonic urine 高渗尿 09.070

hyperventilation 通气增强, * 通气过度 07.005

hyperxia 高氧 07.088

hypoadrenocorticism 肾上腺皮质功能减退 11.112

hypocalcemia 低血钙 11.129

hypocapnia 低碳酸血症 07.090

hypocorticalism 肾上腺皮质功能减退 11.112

hypocorticism 肾上腺皮质功能减退 11.112

hypoglycemia 低血糖 11.117

hypoparathyroidism 甲状旁腺功能减退 11.127

hypophysectomy 垂体摘除术 11.220

hypophysin 垂体后叶激素 11.072

hypopituitarism 垂体功能减退 11.077

hypopnea 呼吸减弱 07.008

hypotension 低血压 06.147

hypothalamic-hypophyseal portal system 下

丘脑—垂体门脉系统　11.034

hypothalamic hypophysiotropic area　下丘脑促垂体区　11.035

hypothalamic—pituitary—adrenal axis　下丘脑—垂体—肾上腺轴　11.053

hypothalamic—pituitary—gonad axis　下丘脑—垂体—性腺轴　11.054

hypothalamic—pituitary—thyroid axis　下丘脑—垂体—甲状腺轴　11.052

hypothalamic regulatory peptides　下丘脑调节性多肽　11.037

hypothalamo—neurohypophyseal system　下丘脑—神经垂体系统　11.048

hypothermia (拉)　低体温　10.034

hypothyrea　甲状腺功能减退　11.091

hypothyroidism　甲状腺功能减退　11.091

hypothyrosis　甲状腺功能减退　11.091

hypotonic urine　低渗尿　09.069

hypoventilation　通气不足　07.006

hypoxemia　低氧血，* 低血氧　07.087

hypoxemia　低氧血症　12.016

hypoxia　低氧，* 缺氧　07.086

I

IGF　胰岛素样生长因子　11.118

illusion in flight　飞行错觉　12.034

IMC　消化间期复合肌电　08.035

implantation　植入　11.196

inactivation　失活　02.020

indirect calorimetry　间接测热法　10.023

indirect inhibition　间接抑制　03.035

induced hibernation　人工冬眠，* 诱发冬眠　10.058

induced protein　诱导蛋白　11.104

induction　诱导　03.119

infertility　不育　11.206

inflight incapacitation　空中失能　12.046

influx　内向通量　01.024

inhibin　抑制素　11.152

inhibition　抑制　01.015

inhibitory neuron　抑制性神经元　03.034

inhibitory postsynaptic potential　抑制性突触后电位　03.083

inhibitory synapse　抑制性突触　03.047

inhibitory transmitter　抑制性递质　03.053

initial heat　初热　02.081

initial length　初长　02.065

initial segment spike　始段锋电位　03.085

innervation　神经支配　03.016

inotropic action　变力作用　06.111

insensible perspiration　不显汗，* 不感蒸发　10.063

inspiration　吸气　07.002

inspiratory center　吸气中枢　07.094

inspiratory duration　吸气时间　07.015

inspiratory gas　吸入气　07.017

inspiratory off—switch mechanism　吸气切断机制　07.097

inspiratory reserve volume　补吸气量　07.041

instinct　本能　03.005

instrumental conditioned reflex　操作式条件反射　03.271

insulated conduction　绝缘传导　02.045

insulin　胰岛素　11.114

insulinemia　胰岛素血症　11.115

insulin—like growth factor　胰岛素样生长因子　11.118

integration　整合作用　03.007

interdigestive myoelectric complex　消化间期复合肌电　08.035

intermedin　垂体中间叶激素　11.069

internal environment　内环境　01.016

internal respiration　内呼吸　07.013

internal secretion　内分泌　11.002

interneuron　中间神经元　03.106

interoceptor　内感受器　04.017

intestinal phase　肠期　08.028

intracellular fluid　细胞内液　05.006

intracellular recording　细胞内记录　02.092

intraesophageal pressure　食管内压　07.028

intraocular pressure　眼内压　04.069

intrapleural pressure　胸膜腔内压，* 胸内压　07.052

intrapulmonary pressure　肺内压　07.051

intravesical pressure 膀胱内压 09.078

intrinsic coagulation 内源性凝血 05.053

intrinsic factor 内因子 08.038

inulin clearance 菊糖清除率 09.057

inward rectification 内向整流 06.031

iodine pump 碘泵 11.082

iodotyrosine 碘化酪氨酸 11.084

ion channel 离子通道 01.029

ion current 离子电流 01.030

ion gradient 离子梯度 01.031

ionophore 离子载运体 01.028

ion selective electrode 离子选择电极 13.033

IPSP 抑制性突触后电位 03.083

irradiation 扩散 03.116

irritability 应激性 01.014

IRV 补吸气量 07.041

isobaric gas counter diffusion 等压气体逆向扩
散 12.064

isohydric principle 等氢离子原理 09.044

isometric contraction 等长收缩 02.069

isometric transducer 等长传感器 13.027

isotonic contraction 等张收缩 02.070

isotonic transducer 等张传感器 13.028

isovolumic contraction period 等容收缩期
06.011

isovolumic relaxation period 等容舒张期
06.012

itching sensation 痒觉 04.046

J

JGA [肾小]球旁器, ＊ 近球小体 09.035

juxtaglomerular apparatus [肾小]球旁器,
＊ 近球小体 09.035

juxtaglomerular cell [肾小]球旁细胞, ＊ 近球
细胞 09.036

juxtamedullary nephron 近髓肾单位, ＊ 髓旁
肾单位 09.004

juxtapulmonary capillary receptor 肺毛细血
管旁感受器 07.100

K

kaliuresis 尿钾增多 09.074

kallidin 血管舒张素 06.152

kinesthetic receptor 运动感受器 04.169

kinesthetic sense 运动感觉 04.168

kinin 激肽 03.075

knee jerk 膝跳反射 03.099

kymograph 记纹器, ＊ 记纹鼓 13.023

L

labored breathing 用力呼吸 07.011

lactation 哺乳, ＊ 授乳 11.214

laminar flow 层流 06.053

latency 潜伏期 02.078

latent pacemaker 潜在起搏点 06.041

latent period 潜伏期 02.078

lateral inhibition 侧抑制 03.123

lateralization 单侧化 03.222

lateral pressure 侧压 06.070

late receptor potential 晚感受器电位 04.077

LATS 长效甲状腺刺激物 11.089

LBM 瘦体重, ＊ 无脂肪体重 10.016

lean body mass 瘦体重, ＊ 无脂肪体重
10.016

learned behavior 习得性行为 03.092

learning 学习 03.209

leg negative pressure 下肢负压 12.038

lesser circulation 肺循环, ＊ 小循环 06.003

leucocyte 白细胞, ＊ 白血球 05.025

life-support system 生命保障系统, ＊ 生命支
持系统, ＊ 生命维持系统 12.009

light adaptation 明适应 04.099

light reflex 对光反射 04.120

limbic system 边缘系统 03.205

lipid bilayer　脂双层　01.023

lipotropin　促脂解素　11.068

liquid scintillation counter　液体闪烁计数器　13.078

LNP　下肢负压　12.038

local hormone　局部激素　11.015

local potential　局部电位　02.013

local response　局部反应　01.052

Locke's solution　洛克[溶]液，* 乐氏液　01.070

locomotion　行进　03.160

long-acting thyroid stimulator　长效甲状腺刺激物　11.089

long-loop feedback　长环反馈　11.105

long-term memory　长时记忆　03.216

long-term potentiation　长时程增强　03.218

loudness　响度　04.129

low pressure chamber　低压舱，* 减压舱　13.081

low-pressure receptor　低压系统感受器　06.136

LPH　促脂解素　11.068

LRP　晚感受器电位　04.077

LSS　生命保障系统，* 生命支持系统，* 生命维持系统　12.009

LTP　长时程增强　03.218

lunar rhythm　月节律　11.023

lung compliance　肺顺应性　07.058

luteal phase　黄体期　11.174

luteinization　黄体化　11.178

luteinizing hormone　黄体生成素　11.061

luteolysis　黄体溶解　11.179

lymphatic return　淋巴回流　06.099

lymph fluid　淋巴液　05.009

lymphocyte　淋巴细胞　05.044

lymphogenesis　淋巴生成　05.012

lymphopoiesis　淋巴细胞生成　05.086

M

macrophage　巨噬细胞　05.031

macula densa (拉)　致密斑　09.037

maintenance heat　维持热　02.084

man-machine-environment system　人机环境系统　12.014

manometer　检压计　13.051

Marey's law　马雷定律，* 马利定律　06.128

masking　掩蔽　04.139

mass peristalsis　集团蠕动　08.043

mastication　咀嚼　08.007

maternal recognition of pregnancy　母体妊娠识别　11.207

mature milk　成熟乳汁　11.216

maximal expiratory flow　最大呼气流量　07.047

maximal oxygen consumption　最大氧耗量　12.105

maximal oxygen uptake　最大摄氧量　12.104

maximal physical work capacity　最大体力劳动能力　12.107

maximal rate for tubular transport　肾小管最大转运率　09.028

maximal stimulus　最大刺激　01.048

maximal voluntary ventilation　最大随意通气　07.045

maximum diastolic potential　最大舒张电位　06.032

mean circulatory filling pressure　循环系统平均充盈压　06.063

mechanical digestion　机械消化　08.002

mechanical receptor　机械感受器　04.020

mechanism　机制　01.021

medullary osmotic pressure gradient　[肾]髓质渗透压梯度　09.049

MEF　最大呼气流量　07.047

megakaryocyte　巨核细胞　05.029

melanocyte-stimulating hormone　促黑[素细胞]激素　11.059

melanocyte-stimulating hormone release inhibiting factor　促黑[素细胞]激素释放抑制因子　11.046

melanocyte-stimulating hormone releasing factor　促黑[素细胞]激素释放因子　11.045

melatonin　褪黑[激]素，* N-乙酰-5-甲氧基

色胺　11.137

membrane capacitance　膜电容　02.026

membrane conductance　膜电导　02.027

membrane current　膜电流　02.023

membrane digestion　膜消化　08.096

membrane impedance　膜阻抗　02.025

membrane length constant　膜长度常数　02.030

membrane potential　[跨]膜电位　02.006

membrane resistance　膜电阻　02.024

membrane responsive curve　膜反应曲线　06.046

membrane theory　膜学说　02.028

membrane time constant　膜时间常数　02.029

memory　记忆·03.214

memory oscilloscope　记忆示波器　13.018

menarche　月经初潮　11.168

menopause　绝经[期]　11.170

menses　月经　11.167

menstrual cycle　月经周期　11.166

menstruation　月经　11.167

MEPP　小终板电位　02.052

messenger　信使　11.026

metabolic cold acclimatization　代谢性冷习服　10.017

metabolic heat production　代谢性产热　10.011

metabolic rate　代谢率　10.005

metabolimeter　代谢计　13.069

metabolism　代谢　01.010

metaestrus　动情后期　11.160

metahemoglobin　高铁血红蛋白　07.075

metarteriole　后微动脉　06.090

micelle lipase　微胶粒脂酶　08.093

micellization　微胶粒作用　08.092

microcirculation　微循环　06.004

microclimate　微小气候　12.088

microelectrode　微电极　13.032

microelectrode amplifier　微电极放大器　13.004

microelectrode puller　微电极拉制器　13.016

microgravity　微重力　12.041

microiontophoresis apparatus　微电泳仪　13.014

micromanipulator　微操作器　13.022

microperfusion pump　微量灌流泵　13.057

microperfusion technique　微灌流技术　09.087

micropuncture technique　微穿刺技术　09.086

microvillus　微绒毛　08.090

micturition　排尿　09.080

micturition desire　尿意　09.079

micturition reflex　排尿反射　09.081

middle ear muscle reflex　中耳肌反射　04.146

MIF　促黑[素细胞]激素释放抑制因子　11.046

milk ejection reflex　排乳反射　11.217

mineralocorticoid　盐皮质激素，＊盐皮质类固醇　11.101

miniature end-plate potential　小终板电位　02.052

minute ventilation volume　每分通气量　07.043

mionectic blood　低氧血症　12.016

MLT　褪黑[激]素，＊N-乙酰-5-甲氧基色胺　11.137

MNSs blood group system　MNSs 血型系统　05.100

modality of sensation　感觉型　04.009

modulating system　调制系统　03.022

mol solidifying heat　摩尔凝固热　12.098

monaural hearing　单耳听觉　04.127

monocyte　单核细胞　05.028

monophasic action potential　单相动作电位　02.004

monosynaptic reflex　单突触反射　03.129

mother's immune system　母体免疫系统　11.213

motilin　促胃动素　08.065

motion sickness　运动病　12.025

motivation　动机　03.208

motor neuron　运动神经元　03.173

motor unit　运动单位　02.054

mountain sickness　高山病　12.048

MRF　促黑[素细胞]激素释放因子　11.045

MSH　促黑[素细胞]激素　11.059

mucus barrier　粘液屏障　08.029

multisynaptic reflex　多突触反射　03.130

muscarinic receptor　毒蕈碱性受体　03.059

muscle spindle 肌梭 04.027

MVV 最大随意通气 07.045

myograph 肌动描记器 13.024

myopia 近视 04.062

myotatic reflex 牵张反射 03.176

N

NA 去甲肾上腺素 03.060

natriuresis 尿钠增多 09.073

natriuretic hormone 利尿钠激素 09.038

nausea 恶心 08.086

nautical physiology 航海生理学 12.050

NE 去甲肾上腺素 03.060

negative after-potential 负后电位 02.010

negative feedback 负反馈 01.034

nephron 肾单位 09.002

nerve chamber 神经盒 13.037

nerve growth factor 神经生长因子 11.119

nerve impulse 神经冲动 02.039

nervous pathway 神经通路 03.026

nervous type 神经类型 03.267

neural circuit 神经回路 03.024

neural degeneration 神经变性 03.018

neural regeneration 神经再生 03.019

neural regulation 神经调节 01.018

neurobiology 神经生物学 03.003

neurobiotaxis 神经生物趋向性 03.010

neurocrine 神经分泌[作用] 11.010

neuroendocrine 神经内分泌 11.011

neuroendocrine cell 神经内分泌细胞 11.013

neurohormone 神经激素 11.012

neurohypophyseal hormone 垂体后叶激素 11.072

neurohypophysis 神经垂体,* 垂体后叶 11.071

neuromodulation 神经调制 03.050

neuromodulator 神经调质 03.051

neuromuscular junction 神经肌肉接头 02.053

neuronal circuit 神经元回路 03.025

neuronal recognition 神经元识别 03.011

neuron doctrine 神经元学说 03.023

neuropeptide 神经肽 03.072

neurophysin 神经垂体素运载蛋白 11.049

neurophysiology 神经生理学 03.001

neuroregulation 神经调节 01.018

neuroscience 神经科学 03.002

neurosecretion 神经分泌[作用] 11.010

neurotensin 神经降压肽,* 神经降压素 11.047

neurotoxin 神经毒素 03.030

neurotransmitter 神经递质 03.052

neurotrophic effect 神经营养性效应 03.012

nicotinic receptor 烟碱性受体 03.058

nidation 着床 11.195

night blindness 夜盲 04.118

nitrogen narcosis 氮麻醉 12.063

nitrogenous hormone 含氮激素 11.016

nociception 伤害感受 04.032

nociceptor 伤害性感受器 04.031

nocturia 夜尿 09.064

no decompression diving 不减压潜水 12.060

noise-induced hearing loss 噪声性听力减退 12.037

non-polarizable electrode 乏极化电极 13.031

nonprotein respiratory quotient 非蛋白呼吸商 10.010

non-shivering thermogenesis 非战栗产热 10.047

noradrenaline 去甲肾上腺素 03.060

norepinephrine 去甲肾上腺素 03.060

normothermia (拉) 正常体温 10.025

normoxic helium 常氧氦[混合气] 12.062

normoxic nitrogen 常氧氮[混合气] 12.061

NPRQ 非蛋白呼吸商 10.010

NST 非战栗产热 10.047

NT 神经降压肽,* 神经降压素 11.047

nystagmograph 眼震[颤]描记仪 13.077

nystagmus 眼震[颤] 04.170

O

obesity 肥胖[症] 10.018

occlusion 阻塞 03.117

ocular dominance 眼优势 03.156

oculocardiac reflex 眼心反射 06.143

off-effect "撤"效应 03.158

25(OH)-D$_3$ 25-羟胆钙化醇 11.123

1,25(OH)$_2$D$_3$ 1,25-二羟胆钙化醇 11.124

olfactometer 嗅觉计 13.073

olfactometry 嗅觉测量法 04.188

olfactory acuity 嗅敏度 04.182

olfactory sensation 嗅觉 04.180

olfactory threshold 嗅阈 04.183

oliguria 少尿 09.062

on-effect "给"效应 03.157

operant conditioned reflex 操作式条件反射 03.271

opioid 阿片样物质 03.068

opponent color theory 拮抗色觉学说 04.093

opsin 视蛋白 04.074

optimal stimulus 最适刺激 01.047

oral temperature 口腔温度 10.026

organization 组构 03.006

organ physiology 器官生理学 01.006

orienting reflex 朝向反射 03.259

orthodox sleep 正相睡眠 03.248

orthodromic conduction 顺向传导 03.037

orthostatic hypotension 直立性低血压，* 体位性低血压 06.148

osmolar clearance 渗透清除率 09.056

osmometer 渗透压计 13.043

osmoreceptor 渗透压感受器 04.030

osmotic diuresis 渗透性利尿 09.068

ossicular chain 听骨链 04.143

ovarian cycle 卵巢周期 11.172

ovary 卵巢 11.140

overdrive suppression 超驱动阻抑 06.043

overshoot 超射 01.068

ovulation 排卵 11.176

oximeter 血氧计 13.044

OXT 催产素 11.074

oxygen analyzer 氧分析仪 13.066

oxygenation 氧合 07.071

oxygen capacity 氧容量 07.076

oxygen consumption 氧耗量 10.006

oxygen content 氧含量 07.077

oxygen debt 氧债 07.081

oxygen diffusion capacity 氧扩散容量 07.069

oxygen dissociation curve 氧解离曲线 07.079

oxygen saturation 氧饱和 07.078

oxygen tension 氧张力 07.066

oxygen toxicity 氧中毒 12.066

oxyhemoglobin 氧合血红蛋白 07.074

oxytocin 催产素 11.074

P

pacemaker 起搏点 06.040

pain 痛 04.040

pancreatic amylase 胰淀粉酶 08.053

pancreatic juice 胰液 08.047

pancreatic lipase 胰脂肪酶 08.050

pancreatic polypeptide 胰多肽 08.072

pancreozymin 促胰酶素 08.067

paraaminohippurate clearance 对氨基马尿酸盐清除率 09.058

paracrine 旁分泌 11.009

paradoxical sleep 异相睡眠 03.249

parasympathetic nervous system 副交感神经系统 03.191

parathyroid gland 甲状旁腺 11.125

parathyroid hormone 甲状旁腺[激]素 11.130

partial pressure of carbon dioxide 二氧化碳分压 07.065

partial pressure of oxygen 氧分压 07.064

parturition 分娩 11.198

passive transport 被动转运 01.041

patch clamp 膜片箝 02.022

Pavlov pouch　巴甫洛夫小胃　08.024

PCG　心音图　06.026

pendular movement　摆动　08.042

pepsin　胃蛋白酶　08.017

pepsinogen　胃蛋白酶原　08.018

peptide hormone　肽类激素　11.036

peptidergic fiber　肽能纤维　03.069

perceived rate of exertion　自感用力度　12.111

perception　知觉　03.143

performance　行为表现　03.272

perfusion pressure　灌流压　06.073

perimeter　视野计　13.074

periodic breathing　周期性呼吸　07.029

peripheral chemoreceptor　外周化学感受器　07.098

peripheral light loss　周边视力丧失　12.031

peripheral resistance unit　外周阻力单位　06.088

peripheral [vascular] resistance　外周[血管]阻力　06.087

peripheral venous pressure　外周静脉压　06.067

peripheral vision　周边视觉　04.050

peristalsis　蠕动　08.039

peristaltic rush　蠕动冲　08.040

permanent threshold shift　永久性阈移　04.137

permeability　通透性　01.027

permissive action　允许作用　11.032

persistence of vision　视觉暂留　04.103

perspiration　出汗　10.062

PG　前列腺素　11.132

PGI₂　前列环素　05.079

phagocyte　吞噬细胞　05.042

phagocytosis　吞噬[作用]　05.041

phase-locking　锁相　03.240

phasic contraction　位相性收缩　02.073

phasic discharge　位相性放电　02.074

pheromone　外激素　11.014

phonocardiogram　心音图　06.026

phosphaturia　尿磷酸盐增多　09.077

photopic vision　明视觉　04.052

photoreception　光感受作用　04.081

photosensitivity　光敏感性　04.082

physical fitness　体能，* 健适　12.010

physical fitness assessment　体能评价　12.108

physiological electronic oscilloscope　电生理示波器　13.007

physiology　生理学　01.001

pilo-erection　竖毛　10.065

pineal gland [body]　松果腺[体]　11.134

pineal hormone　松果体激素　11.136

pinocytosis　胞饮[作用]　05.039

pitch　音调　04.130

placental transport　胎盘转运　11.210

placing reflex　放置反射　03.178

plasma clearance　血浆清除率　09.054

plasma osmotic pressure　血浆渗透压　05.035

plasma thromboplastin antecedent　* 血浆凝血酶前质　05.064

plasma thromboplastin component　* 血浆凝血酶　05.062

plasmin　纤维蛋白溶酶　05.075

plasminogen　纤维蛋白溶酶原　05.074

plasticity　可塑性　03.210

platelet adhesion reaction　血小板粘附[反应]　05.077

platelet aggregation　血小板聚集　05.078

plethysmograph　体积描记器　13.059

PLL　周边视力丧失　12.031

pneumograph　呼吸描记器　13.063

pneumotachograph　呼吸速率计　13.061

pneumotaxic center　呼吸调整中枢　07.093

pneumothorax　气胸　07.061

poikilothermia (拉)　变温　10.032

Poiseuille law　泊肃叶定律　06.056

polarization　极化　01.064

polygraph　多道[生理]记录仪　13.010

polymodal receptor　多觉型感受器　04.019

polyuria　多尿　09.063

position sense　位置感觉　04.167

positive after-potential　正后电位　02.011

positive feedback　正反馈　01.035

posterior pituitary　神经垂体，* 垂体后叶　11.071

postganglionic neuron　节后神经元　03.193

postsynaptic inhibition　突触后抑制　03.132

posttetanic potentiation 强直后增强 03.217

postural coordination 姿势协调 03.161

postural reflex 姿势反射 03.175

potassium-sodium exchange 钾钠离子交换 09.041

potentiation 增强 03.127

PP 胰多肽 08.072

PRE 自感用力度 12.111

preferential channel 直捷通路 06.092

preferential reabsorption 优先重吸收 09.023

preganglionic neuron 节前神经元 03.192

pregnancy 妊娠 11.197

preload 前负荷 02.063

premature systole 期前收缩 06.035

pre-POMC 前阿黑皮素原 11.067

pre-prohormone 前激素原 11.019

pre-pro-opiomelanocortin 前阿黑皮素原 11.067

presbyopia 老视 04.064

pressor area 升压区, * 加压区 06.123

pressure breathing 加压呼吸, * 正压呼吸 12.021

pressure load 压力负荷 06.117

pressure receptor 压力感受器 04.024

pressure sensation 压觉 04.037

pressure vertigo 压力性眩晕 12.036

pressure-volume curve 压力-容积曲线 06.077

presynaptic inhibition 突触前抑制 03.131

presynaptic potential 突触前电位 03.134

PRF 催乳素释放因子 11.043

PRIF 催乳素释放抑制因子 11.044

primary afferent 初级传入 03.135

primary auditory cortex 初级听皮层 03.163

primary color 原色 04.092

primary odor 基本气味 04.184

primary response 主反应 03.238

primary visual cortex 初级视皮层 03.165

PRL 催乳素 11.065

proaccelerin * 前加速素 05.059

proconvertin * 前转变素 05.060

proestrus 动情前期 11.158

profibrinolysin 纤维蛋白溶酶原 05.074

progesterone 孕酮 11.147

progestogen 孕激素 11.146

prohormone 激素原 11.018

projection neuron 投射神经元 03.032

prolactin 催乳素 11.065

prolactin release inhibiting factor 催乳素释放抑制因子 11.044

prolactin releasing factor 催乳素释放因子 11.043

proliferative phase 增殖期 11.182

prostacyclin 前列环素 05.079

prostaglandin 前列腺素 11.132

proteinuria 蛋白尿 09.072

prothrombin * 凝血酶原 05.056

protodiastole 舒张前期 06.013

protopathic sensation 粗感觉 03.146

proximal nephron 近侧肾单位 09.005

proximal tubule 近端小管 09.016

PRU 外周阻力单位 06.088

pseudocyesis 假孕 11.200

pseudopregnancy 假孕 11.200

PTA * 血浆凝血激酶前质 05.064

PTC * 血浆凝血激酶 05.062

PTH 甲状旁腺[激]素 11.130

PTP 强直后增强 03.217

PTS 永久性阈移 04.137

ptyalin 唾液淀粉酶 08.009

puberty 青春期 11.163

pulmonary capillary wedge pressure 肺毛细血管楔压 06.069

pulmonary circulation 肺循环, * 小循环 06.003

pulmonary compliance 肺顺应性 07.058

pulmonary elastic recoil 肺弹性回缩力 07.056

pulmonary hypertension 肺动脉高压 12.049

pulmonary J receptor * 肺 J 感受器 07.100

pulmonary stretch receptor 肺牵张感受器 07.101

pulmonary stretch reflex 肺牵张反射 07.102

pulse 脉搏 06.094

pulse pressure 脉搏压 06.076

pulse rate 脉率 06.095

pulse wave 脉搏波 06.096

pump-leak model 泵漏模式 09.031

pupillary reflex　瞳孔反射　04.121
pupillometry　瞳孔测量法　04.187
Purkinje shift　浦肯野转移　04.096
PVR　外周[血管]阻力　06.087

PWC$_{max}$　最大体力劳动能力　12.107
pyramidal system　锥体系统　03.095
PZ　促胰酶素　08.067

Q

quantal content　量子含量　02.050

quantal release　量子释放　02.049

R

rapid decompression　迅速减压　12.022
rapid eye movement sleep　快速眼动睡眠
　03.250
RAAS　肾素-血管紧张素-醛固酮系统
　06.151
RBC　红细胞，＊红血球　05.024
RBF　肾血流量　09.052
reaction　反应　01.050
reaction time　反应时　03.139
reactive hyperemia　反应性充血　06.157
readaptation　再适应　12.006
readiness potential　准备电位　03.224
rebound　回跳　03.114
rebreathing method　重复呼吸法　07.107
receptive field　感受野　04.003
receptive relaxation　容受性舒张　08.031
receptivity　感受性　04.004
receptor　受体　01.009
receptor　感受器　04.002
receptor potential　感受器电位　04.005
reciprocal inhibition　交互抑制　03.121
reciprocal innervation　交互神经支配　03.120
recording electrode　记录电极　13.030
recruitment　募集　03.115
rectal temperature　直肠温度　10.028
recurrent inhibition　返回抑制　03.133
red blood cell　红细胞，＊红血球　05.024
redout　红视　12.032
reduced eye　简化眼　04.065
reduced hemoglobin　还原血红蛋白　07.072
referred pain　牵涉痛　04.043
reflex　反射　03.089
reflex arc　反射弧　03.090

reflex ovulation　反射性排卵　11.177
reflex time　反射时　03.094
refraction error　屈光不正　04.060
refractory period　不应期　01.059
reimplantation　移植　11.221
reinforcement　强化　03.126
relative refractory period　相对不应期　01.061
relaxation　舒张　02.067
relaxin　松弛素　11.199
relaxing period　舒张期　02.080
removal　摘除　11.219
REMS　快速眼动睡眠　03.250
renal blood flow　肾血流量　09.052
renal glucose threshold　肾糖阈　09.034
renal plasma flow　肾血浆流量　09.053
renin　肾素　06.150
renin-angiotensin-aldosterone system　肾素-
　血管紧张素-醛固酮系统　06.151
reno-renal reflex　肾-肾反射　09.082
repolarization　复极化　01.066
reproduction　生殖　11.138
reproductive life　育龄　11.165
residual volume　残气量　07.040
resistance vessel　阻力血管　06.083
resonance effect of meatus　外耳道共振效应
　04.142
resonance theory　共振学说　04.160
respiration　呼吸　07.001
respiratory center　呼吸中枢　07.091
respiratory frequency　呼吸频率　07.021
respiratory membrane　呼吸膜　07.068
respiratory quotient　呼吸商　10.009
respiratory rate　呼吸频率　07.021

response 反应 01.050

response area of auditory neuron 听神经元反应区域 04.153

resting potential 静息电位 02.007

retinene 视黄醛 04.073

retrograde degeneration 逆行变性 03.020

reuptake 重摄取 03.066

reverberation 回荡 03.008

reverberating circuit 回荡回路 03.244

reversal potential 逆转电位 02.016

Rh blood group system Rh血型系统 05.099

rheobase 基强度 01.053

rhodopsin 视紫红质 04.072

α-rhythm α节律 03.228

β-rhythm β节律 03.229

δ-rhythm δ节律 03.230

θ-rhythm θ节律 03.231

righting reflex 翻正反射 03.182

rigor 僵直 02.085

Ringer's solution 林格[溶]液，* 任氏液 01.069

RPF 肾血浆流量 09.053

RQ 呼吸商 10.009

RT 反应时 03.139

RV 残气量 07.040

S

safe desaturation 安全脱饱和 12.053

safe supersaturation 安全过饱和 12.054

saliva 唾液 08.008

salivary amylase 唾液淀粉酶 08.009

saltatory conduction 跳跃传导 02.046

sarcoplasmic reticulum 肌质网 02.060

satiety center 饱中枢 03.203

saturation diving 饱和潜水 12.057

scanning electron microscope 扫描电镜 13.020

scotopic vision 暗视觉 04.051

scratch reflex 搔反射 03.098

SCUBA 自携式水下呼吸器 13.084

SDE [食物的]特殊动力效应 10.015

sea sickness 晕船 12.052

seasonal breeding 季节性繁殖 11.162

secondary auditory cortex 次级听皮层 03.164

secondary response 次反应 03.239

secondary sexual characteristics 副性征 11.164

secondary visual cortex 次级视皮层 03.166

second messenger hypothesis 第二信使学说 11.027

second signal system 第二信号系统 03.270

secretin 促胰液素，* 胰泌素 08.068

secretory phase 分泌期 11.183

segmentation 分节运动 08.041

self-contained underwater breathing apparatus 自携式水下呼吸器 13.084

self-stimulation 自我刺激 03.207

semipermeable membrane 半透膜 01.026

sensation 感觉 04.001

sensible perspiration 显汗，* 可感蒸发 10.064

sensorimotor area 感觉运动区 03.144

sensory adaptation 感觉适应 04.012

sensory coding 感觉编码 04.010

sensory threshold 感觉阈 04.013

set point 调定点 03.200

set-point temperature 调定点温度 10.037

sex hormone binding globulin 性激素结合球蛋白 11.153

sexual behavior 性行为 11.185

sexual cycle 性周期，* 生殖周期 11.156

sexual reflex 性反射 11.184

sham feeding 假饲 08.022

sham rage 假怒 03.206

SHBG 性激素结合球蛋白 11.153

shell temperature 体表温度 10.030

shivering thermogenesis 战栗产热 10.046

shock 休克 06.158

shortening heat 缩短热 02.083

shortening period 缩短期 02.079

short-loop feedback 短环反馈 11.106

short-term memory 短时记忆 03.215

sialoprotein 涎蛋白，＊ 唾液蛋白 09.009

side pressure 侧压 06.070

signal activity 信号活动 03.268

signal averager 信号平均仪 13.006

signal magnet 电磁标 13.035

simple cell 简单细胞 03.153

simple diffusion 单纯扩散 01.036

simulated flight in hypobaric chamber 低压舱模拟飞行 12.018

simultaneous contrast 同时性对比 04.100

single twitch 单收缩 02.071

sinus nerve 窦神经 06.125

skinfold 皮褶厚度 12.110

sleep 睡眠 03.245

sleep center 睡眠中枢 03.254

sleep—waking cycle 睡眠清醒周期 03.247

sliding [filament] theory 滑行[细丝]学说 02.088

slow pain 慢痛 04.042

slow response action potential 慢反应动作电位 06.029

slow wave ＊ 慢波 08.034

sneezing reflex 喷嚏反射 07.104

sodium pump 钠泵 01.042

SOM 生长素介质，＊ 生长调节素 11.064

soma—dendritic spike 胞体-树突锋电位 03.084

somatic sensation 躯体感觉 04.033

somatomedin 生长素介质，＊ 生长调节素 11.064

somatostatin 生长抑素，＊ 生长激素释放抑制激素 11.041

somatotopic organization 躯体定位组构 03.184

somatotropin 生长激素 11.063

sound frequency discrimination 声音频率辨别 04.132

sound intensity discrimination 声音强度辨别 04.133

sound localization 声源定位 04.156

space physiology 航天生理学 12.013

space sense 空间感觉 04.171

space sickness 航天病 12.044

spatial disorientation 空间定向障碍 12.045

spatial orientation 空间定向 04.172

spatial summation 空间总和 02.038

special sense 特殊感觉 04.007

specific conduction system 特殊传导系统 06.038

specific dynamic effect [食物的]特殊动力效应 10.015

specific energy of sense 感官特殊能[学说] 04.008

specific projection system 特异投射系统 03.255

spectral sensitivity 光谱敏感性 04.083

spermatogenic cycle 生精周期 11.155

sperm penetration 精子穿入 11.192

sphygmogram 脉搏图 06.093

sphygmograph 脉搏描记器 13.052

sphygmomanometer 血压计 13.055

spike potential 锋电位 02.012

spinal animal 脊髓动物 03.172

spinal reflex 脊髓反射 03.093

spinal shock 脊休克 03.141

spirogram 肺量图 07.106

spirometer 肺量计 13.060

split brain 分裂脑 03.223

spontaneous depolarization 自动去极化 06.044

spontaneous respiration 自发呼吸 07.024

squeeze 挤压伤 12.076

stage decompression 阶段减压 12.072

staircase phenomenon 阶梯现象 06.039

static sensation 静位感觉 04.165

steady potential 稳定电位 03.236

stereomicroscope 立体显微镜 13.021

stereoscopic vision 立体视觉 04.115

stereotaxic apparatus 立体定位仪 13.019

sterility 不育 11.206

sterillization 绝育 11.203

steroid hormone 类固醇激素，＊ 甾类激素 11.017

stimulating electrode 刺激电极 13.029

stimulus 刺激 01.043

stimulus artifact 刺激伪迹 01.044

stimulus isolator 刺激隔离器 13.003

stool 粪便 08.044

streamline 层流 06.053

strength—duration curve 强度—时间曲线 01.056

stress 应激 03.188

stress hormone 应激激素 11.100

stretch receptor 牵张感受器 04.025

stretch reflex 牵张反射 03.176

stroke volume 每搏输出量，＊搏出量 06.017

stroke work 搏出功 06.022

Stuart—Prower factor ＊斯图亚特因子 05.063

subnormal period 低常期 01.063

substance P P物质 03.074

subthreshold response 阈下反应 01.051

subthreshold stimulus 阈下刺激 01.049

successive contrast 继时性对比 04.101

summating potential 总和电位 04.151

summation 总和 03.122

sun stroke 日射热 12.090

suppressor region 阻抑区 03.152

supranormal period 超常期 01.062

surface—equivalent 水面当量 12.078

sustained receptor 持续型感受器 04.029

swallowing 吞咽 08.011

swallowing reflex 吞咽反射 08.012

sweat gland 汗腺 10.060

sweating 显汗，＊可感蒸发 10.064

sympathetic nervous system 交感神经系统 03.189

sympathetico—adrenomedullary system 交感—肾上腺髓质系统 03.190

sympathetic tone 交感紧张 06.107

synapse 突触 03.038

synaptic delay 突触延搁 03.137

synaptic transmission 突触传递 03.049

synchronization 同步化 03.234

synergism 协同作用 03.111

systemic circulation 体循环，＊大循环 06.002

systole 心缩期 06.007

systolic pressure 收缩压 06.061

T

T₃ 三碘甲腺原氨酸 11.080

T₄ 甲状腺素，＊四碘甲腺原氨酸 11.081

tachycardia 心动过速 06.108

tachykinin 速激肽 03.077

tachypnea 呼吸急促 07.032

tape recorder 磁带记录仪 13.017

target cell 靶细胞 11.006

target gland 靶腺 11.007

taste 味觉 04.173

taste blindness 味盲 04.177

taste contrast 味觉对比 04.178

taste receptor 味觉感受器 04.174

taste threshold 味觉阈 04.175

TBG 甲状腺素结合球蛋白 11.086

TBPA 甲状腺素结合前白蛋白 11.087

TEA 四乙铵 02.034

telecrine 远距分泌 11.008

temperature receptor 温度感受器 04.021

temperature sensation 温度感觉 04.039

temperature topography 体温分域 12.091

temporal summation 时间总和 02.037

temporary connection 暂时联系 03.263

temporary threshold shift 暂时性阈移 04.136

tendon reflex 腱反射 03.177

tension receptor 张力感受器 04.026

tension—velocity curve 张力—速度曲线 06.079

tension—velocity relation 张力速度关系 02.087

terminal cistern 终池 02.062

testis 睾丸 11.141

testosterone 睾酮 11.143

testosterone—estradiol binding globulin ＊睾酮—雌二醇结合球蛋白 11.153

tetanus 强直收缩 02.072

tetraethylammonium 四乙铵 02.034

tetraiodothyronine 甲状腺素，＊四碘甲腺原氨酸 11.081

tetrodotoxin 河鲀毒素，＊河豚毒素 02.033

TG 甲状腺球蛋白 11.083

thalamic nonspecific projection 丘脑非特异投射 03.148

thermal equivalent of oxygen 氧热价 10.008

thermal neutral zone 温度适中范围 10.044

thermode 变温器 13.070

thermogenic center 产热中枢 10.042

thermograph 温度图仪 13.071

thermolysis 散热 10.054

thermolytic center 散热中枢 10.043

thermoregulation 体温调节 10.035

thermostasis 体温恒定 10.036

thermostatic bath 恒温浴槽 13.041

thermotaxic center 体温调节中枢 10.041

thirst sensation 渴觉 04.047

thoracic breathing 胸式呼吸 07.023

thoroughfare channel 直捷通路 06.092

threshold 阈值 01.045

threshold potential 阈电位 02.008

threshold stimulus 阈刺激 01.046

thrombin 凝血酶 05.068

thrombocyte 血小板 05.030

thrombopoiesis 血小板生成 05.087

thromboxane 血栓烷 05.080

thymosin 胸腺[激]素 11.135

thymus 胸腺 11.133

thyroglobulin 甲状腺球蛋白 11.083

thyroid colloid 甲状腺胶质 11.085

thyroid gland 甲状腺 11.078

thyroid hormone 甲状腺激素 11.079

thyroid-stimulating hormone 促甲状腺[激]素 11.057

thyroid-stimulating immunoglobulin 刺激甲状腺免疫球蛋白 11.088

thyrotropin 促甲状腺[激]素 11.057

thyrotropin-releasing hormone 促甲状腺[激]素释放激素 11.038

thyroxine 甲状腺素, * 四碘甲腺原氨酸 11.081

thyroxine-binding globulin 甲状腺素结合球蛋白 11.086

thyroxine-binding prealbumin 甲状腺素结合前白蛋白 11.087

tidal volume 潮气量 07.036

tight junction 紧密连接 09.029

timbre 音色 04.131

time of useful consciousness 有效意识时间 12.017

tissue fluid 组织液 05.008

tissue gas exchange 组织气体交换 07.062

tissue thromboplastin * 组织凝血激酶 05.057

TLC 肺总量 07.038

Tm 肾小管最大转运率 09.028

tolerance limit 耐受限度 12.003

tonic contraction 紧张性收缩 02.075

tonic discharge 紧张性放电 02.076

tonic labyrinthine reflex 迷路紧张反射 03.196

tonotopic localization 纯音区域定位 04.155

total lung capacity 肺总量 07.038

touch receptor 触觉感受器 04.023

touch sensation 触觉 04.036

transcortin 皮质类固醇结合球蛋白, * 皮质激素运载蛋白 11.096

transduction of receptor 感受器换能作用 04.016

transfer function of middle ear 中耳传递函数 04.145

transient receptor 瞬时型感受器 04.028

transmembrane potential [跨]膜电位 02.006

transmission 传递 02.043

transmitter 递质 02.048

transmural pressure 跨壁压 06.064

transneuronal degeneration 跨神经元变性 03.021

transplantation 移植 11.221

transpulmonary pressure 跨肺压 07.027

transverse tubular system 横管[系统], * T系统 02.059

travelling wave theory 行波学说 04.159

treppe 阶梯现象 06.039

TRH 促甲状腺[激]素释放激素 11.038

triad 三联体 02.061

trichromatic theory 三原色觉学说 04.094

3,5,3'-triiodothyronine 三碘甲腺原氨酸 11.080

triple response 三重反应 06.160

trypsin 胰蛋白酶 08.048

trypsinogen 胰蛋白酶原 08.049

T-set 调定点温度 10.037

TSH 促甲状腺[激]素 11.057

TSI 刺激甲状腺免疫球蛋白 11.088

TTS 暂时性阈移 04.136

TTX 河鲀毒素, * 河豚毒素 02.033

tubero-infundibular system 结节-漏斗系统 11.050

tubular load 肾小管负荷 09.025

tubular reabsorption 肾小管重吸收 09.022

tubular secretion 肾小管分泌 09.039

tubular transport maximum 肾小管最大转运率 09.028

tubulo-glomerular feedback [肾小]管-[肾小]球反馈 09.033

TUC 有效意识时间 12.017

tuning curve 调谐曲线 04.154

turbulent flow 湍流, * 涡流 06.054

TV 潮气量 07.036

Tyrode's solution 蒂罗德[溶]液, * 台氏液 01.071

U

ultrafiltrate 超滤液 09.013

ultrashort-loop feedback 超短环反馈 11.107

ultrasonic gas bubble detector 超声气泡探测仪 13.083

unconditioned reflex 非条件反射 03.256

unconditioned stimulus 非条件刺激 03.262

underwater hearing 水下听觉 12.079

underwater vision 水下视觉 12.080

universal lever 通用杠杆 13.026

universal stand 通用支架, * 万用支架 13.036

unspecific projection system 非特异投射系统 03.252

up regulation 增量调节 11.030

urea recirculation 尿素再循环 09.051

uresis 排尿 09.080

urinary concentrating mechanism 尿浓缩机制 09.045

urinary diluting mechanism 尿稀释机制 09.046

urination 排尿 09.080

urine 尿 09.060

urine formation 尿生成 09.007

uropepsinogen 尿胃蛋白酶原 08.076

uterine cycle 子宫周期 11.180

utilization time 利用时 01.054

V

vagal escape 迷走脱逸 06.106

vagal tone 迷走紧张 06.105

vagogastrone 迷走抑胃素 08.077

vago-insulin system 迷走-胰岛素系统 08.055

vago-vagal reflex 迷走-迷走反射 08.088

Valsalva maneuver 瓦尔萨尔瓦动作, * 堵鼻鼓气法 12.081

vasa recta (拉) 直小血管 09.021

vascular tone 血管紧张度 06.116

vasoactive intestinal polypeptide 血管活性肠肽 08.075

vasoconstriction 血管收缩 06.114

vasoconstrictor nerve 缩血管神经 06.119

vasodilatation 血管舒张 06.115

vasodilator nerve 舒血管神经 06.120

vasomotor center 血管运动中枢 06.122

vasopressin 血管升压素, * 血管加压素, * 抗利尿激素 06.153

vasotocin 8-精催产素, * 8-精加压催产素 11.075

VC 肺活量 07.037

VCG 心向量图, * 向量心电图 06.048

vectorcardiogram 心向量图, * 向量心电图 06.048

vegetative nervous system 自主神经系统,

* 植物性神经系统　03.186

velocity-volume curve　速度-容积曲线 06.078

venous pressure　静脉[血]压　06.065

venous return　静脉回心血量　06.057

venous return　静脉回流　06.058

ventilation　通气　07.004

ventilation / perfusion ratio　通气血流比值 07.109

ventricular function curve　心室功能曲线 06.023

venule　微静脉　06.091

vertex evoked potential　头顶诱发电位 03.243

vesico-renal reflex　膀胱-肾反射　09.083

vestibular receptor　前庭感受器　04.163

vestibular sensation　前庭感觉　04.162

vibration sensation　振动感觉　04.038

villikinin　缩肠绒毛素，* 肠绒毛促动素， * 绒毛收缩素　08.074

VIP　血管活性肠肽　08.075

virilism　男性化　11.109

visceral sensation　内脏感觉　04.034

viscometer　粘度计　13.042

visibility　视见度　04.085

vision　视觉　04.048

visual accommodation　视调节　04.056

visual acuity　视敏度　04.105

visual angle　视角　04.058

visual axis　视轴　04.055

visual cortex　视皮层　04.068

visual deprivation　视觉剥夺　04.054

visual discrimination　视觉分辨　04.053

visual field　视野　04.109

visual fixation　注视　04.107

visual pathway　视通路　04.066

visual pigment　视色素　04.071

visual projection　视投射　04.067

visual threshold　视阈　04.084

vital capacity　肺活量　07.037

volley theory　排放学说　04.161

voltage clamp　电压箝　02.021

voltage clamp amplifier　电压箝放大器 13.015

volume conductor　容积导体　02.017

volume load　容量负荷　06.118

volume receptor　容量感受器　06.135

voluntary breathing　随意呼吸　07.014

voluntary movement　随意运动　03.159

vomiting reflex　呕吐反射　08.021

W

wakefulness　觉醒　03.246

warming up　热身运动，* 准备运动　12.115

warm-sensitive neuron　热敏神经元　10.052

water diuresis　水利尿　09.067

water-fall theory　瀑布学说　05.051

WBC　白细胞，* 白血球　05.025

Weber-Fechner's law of sensation　韦-费感觉

定律，* 韦伯-费希纳感觉定律　04.015

weightlessness　失重　12.040

wet cold disease　湿冷病　12.097

white blood cell　白细胞，* 白血球　05.025

Windkessel(德) vessel　弹性贮器血管　06.081

work of breathing　呼吸功　07.060

work physiology　劳动生理学　12.100

汉 英 索 引

A

B

泊肃叶定律　Poiseuille law　06.056

哺乳　lactation　11.214

补呼气量　expiratory reserve volume, ERV　07.042

补吸气量　inspiratory reserve volume, IRV　07.041

★ 不感蒸发　insensible perspiration　10.063

不减压潜水　no decompression diving　12.060

不显汗　insensible perspiration　10.063

不应期　refractory period　01.059

不育　infertility, sterility　11.206

布罗卡皮层区　Broca's area　03.219

C

残气量　residual volume, RV　07.040

操作式条件反射　operant conditioned reflex, instrumental conditioned reflex　03.271

侧压　side pressure, lateral pressure　06.070

侧抑制　lateral inhibition　03.123

侧枝抑制　collateral inhibition　03.124

侧支循环　collateral circulation　06.005

测力计　ergometer　13.025

测听[法]　audiometry　04.185

层流　streamline, laminar flow　06.053

插管　cannula　13.039

产热　heat production　10.053

产热中枢　thermogenic center　10.042

常氧氮[混合气]　normoxic nitrogen　12.061

常氧氦[混合气]　normoxic helium　12.062

长环反馈　long-loop feedback　11.105

长时程增强　long-term potentiation, LTP　03.218

长时记忆　long-term memory　03.216

长吸　apneusis　07.030

长吸中枢　apneustic center　07.092

长效甲状腺刺激物　long-acting thyroid stimulator, LATS　11.089

肠肝循环　enterohepatic circulation　08.058

肠高血糖素　enteroglucagon　08.071

肠激酶　enterokinase　08.054

肠泌酸素　entero-oxyntin　08.073

肠期　intestinal phase　08.028

★ 肠绒毛促动素　villikinin　08.074

肠神经系统　enteric nervous system　03.194

肠-胃反射　entero-gastric reflex　08.020

肠-胰岛轴　entero-insular axis　08.084

肠抑胃素　enterogastrone　08.070

超常期　supranormal period　01.062

超短环反馈　ultrashort-loop feedback　11.107

超复杂细胞　hypercomplex cell　03.155

超极化　hyperpolarization　01.067

超滤液　ultrafiltrate　09.013

超驱动阻抑　overdrive suppression　06.043

超射　overshoot　01.068

超声气泡探测仪　ultrasonic gas bubble detector　13.083

超重　hypergravitation　12.039

朝向反射　orienting reflex　03.259

潮气量　tidal volume, TV　07.036

"撤"效应　off-effect　03.158

成熟乳汁　mature milk　11.216

持续型感受器　sustained receptor　04.029

充盈期　filling period　06.009

重复呼吸法　rebreathing method　07.107

重摄取　reuptake　03.066

初长　initial length　02.065

初级传入　primary afferent　03.135

初级视皮层　primary visual cortex　03.165

初级听皮层　primary auditory cortex　03.163

初热　initial heat　02.081

初乳　colostrum　11.215

出汗　perspiration　10.062

出血　bleeding, hemorrhage　05.013

触觉　touch sensation　04.036

触觉感受器　touch receptor　04.023

传出神经　efferent nerve　03.104

γ传出纤维　γ-efferent fiber　03.174

传导　conduction　02.042

传导阻滞　conduction block　02.044

传递　transmission　02.043

传入神经　afferent nerve　03.103

喘息　gasping　07.031

垂体功能减退　hypopituitarism　11.077

垂体功能亢进　hyperpituitarism　11.076

* 垂体后叶　neurohypophysis, posterior pituitary　11.071

垂体后叶激素　neurohypophyseal hormone, hypophysin　11.072

* 垂体前叶　adenohypophysis, anterior pituitary　11.055

垂体前叶激素　anterior pituitary hormone　11.056

垂体摘除术　hypophysectomy　11.220

垂体中间叶激素　intermedin　11.069

纯音区域定位　tonotopic localization　04.155

磁带记录仪　tape recorder　13.017

雌二醇　estradiol, E_2　11.149

雌激素　estrogen, E　11.148

雌三醇　estriol, E_3　11.151

雌酮　estrone, E_1　11.150

刺激　stimulus　01.043

刺激电极　stimulating electrode　13.029

刺激隔离器　stimulus isolator　13.003

刺激甲状腺免疫球蛋白　thyroid-stimulating immunoglobulin, TSI　11.088

刺激伪迹　stimulus artifact　01.044

次反应　secondary response　03.239

次级视皮层　secondary visual cortex　03.166

次级听皮层　secondary auditory cortex　03.164

粗感觉　protopathic sensation　03.146

促黑[素细胞]激素　melanocyte-stimulating hormone, MSH　11.059

促黑[素细胞]激素释放抑制因子　melanocyte-stimulating hormone release

inhibiting factor, MIF　11.046

促黑[素细胞]激素释放因子　melanocyte-stimulating hormone releasing factor, MRF　11.045

促红细胞生成素　erythropoietin, EPO　05.093

促甲状腺[激]素　thyroid-stimulating hormone, thyrotropin, TSH　11.057

促甲状腺[激]素释放激素　thyrotropin-releasing hormone, TRH　11.038

促卵泡激素　follicle stimulating hormone　11.062

促凝剂　coagulant　05.050

促肾上腺皮质激素　adrenocorticotropic hormone, corticotropin, ACTH　11.058

促肾上腺皮质[激]素释放因子　corticotropin-releasing factor, CRF　11.042

促十二指肠液素　duocrinin　08.082

促胃动素　motilin　08.065

促胃液素　gastrin　08.064

促性腺激素　gonadotropic hormone, gonadotropin, GTH　11.060

促性腺[激]素释放激素　gonadotropin-releasing hormone, GnRH　11.039

促胰酶素　pancreozymin, PZ　08.067

促胰液素　secretin　08.068

促脂解素　lipotropin, LPH　11.068

催产素　oxytocin, OXT　11.074

催乳素　prolactin, PRL　11.065

催乳素释放抑制因子　prolactin release inhibiting factor, PRIF　11.044

催乳素释放因子　prolactin releasing factor, PRF　11.043

D

* 打嗝　hiccup　08.037

大脑半球优势学说　cerebral dominance theory　03.260

大脑化　encephalization　03.015

* 大循环　systemic circulation, greater circulation　06.002

代偿性间歇　compensatory pause　06.036

代谢　metabolism　01.010

代谢计　metabolimeter　13.069

代谢率　metabolic rate　10.005

代谢性产热　metabolic heat production　10.011

代谢性冷习服　metabolic cold acclimatization　10.017

单侧化　lateralization　03.222

单纯扩散　simple diffusion　01.036

单耳听觉　monaural hearing　04.127

单核细胞　monocyte　05.028

单收缩 single twitch 02.071

单突触反射 monosynaptic reflex 03.129

单相动作电位 monophasic action potential 02.004

胆钙化[甾]醇 cholecalciferol 11.122

胆碱受体 cholinoceptor 03.057

胆囊胆汁 gall bladder bile 08.057

* 胆囊收缩素 cholecystokinin, CCK 08.066

胆色素 bile pigments 08.059

胆酸 cholic acid 08.061

胆汁酸 bile acid 08.062

胆[汁]盐 bile salts 08.060

氮麻醉 nitrogen narcosis 12.063

蛋白尿 proteinuria 09.072

道格拉斯袋 Douglas bag 13.067

等长传感器 isometric transducer 13.027

等长收缩 isometric contraction 02.069

等长自身调节 homometric autoregulation 06.021

等氢离子原理 isohydric principle 09.044

等容收缩期 isovolumic contraction period 06.011

等容舒张期 isovolumic relaxation period 06.012

等响曲线 equal—loudness contour 04.134

等效高度 equivalent altitude 12.020

等压气体逆向扩散 isobaric gas counter diffusion 12.064

等张传感器 isotonic transducer 13.028

等张收缩 isotonic contraction 02.070

低常期 subnormal period 01.063

低渗尿 hypotonic urine 09.069

低碳酸血症 hypocapnia 07.090

低体温 hypothermia (拉) 10.034

低温耐受性 cold tolerance 10.059

低温生理学 cryophysiology 12.092

低血钙 hypocalcemia 11.129

低血糖 hypoglycemia 11.117

低血压 hypotension 06.147

* 低血氧 hypoxemia 07.087

低压舱 low pressure chamber 13.081

低压舱模拟飞行 simulated flight in hypobaric chamber 12.018

低压系统感受器 low—pressure receptor 06.136

低氧 hypoxia 07.086

低氧血 hypoxemia 07.087

低氧血症 hypoxemia, mionectic blood 12.016

蒂罗德[溶]液 Tyrode's solution 01.071

第二信号系统 second signal system 03.270

第二信使学说 second messenger hypothesis 11.027

第一信号系统 first signal system 03.269

递质 transmitter 02.048

递质共存 coexistence of transmitters 03.055

碘泵 iodine pump 11.082

碘化酪氨酸 iodotyrosine 11.084

电传递 electrical transmission 03.048

电磁标 signal magnet 13.035

电磁血流量计 electromagnetic blood flow meter 13.053

电刺激器 electrical stimulator 13.002

电反应测听术 electrical response audiometry, ERA 04.186

电紧张 electrotonus 02.032

电紧张电位 electrotonic potential 02.014

电缆学说 cable theory 02.031

电生理示波器 physiological electronic oscilloscope 13.007

电突触 electrical synapse 03.041

电压箝 voltage clamp 02.021

电压箝放大器 voltage clamp amplifier 13.015

顶体反应 acrosome reaction 11.191

冬眠 hibernation 10.057

动机 motivation 03.208

动静脉短路 arterio—venous shunt 06.086

动力测量 dynamometry 12.114

动力定型 dynamic stereotype 03.266

动脉夹 bulldog clamp 13.040

动脉顺应性 arterial compliance 06.080

动脉[血]压 arterial[blood] pressure 06.060

动情后期 metaestrus 11.160

动情间期 diestrus 11.161

动情期 estrus 11.159

动情前期 proestrus 11.158

动情周期 estrous cycle 11.157

动物头夹　animal head holder　13.038
动作电流　action current　02.002
动作电位　action potential　02.001
窦神经　sinus nerve　06.125
毒蕈碱性受体　muscarinic receptor　03.059
* 堵鼻鼓气法　Valsalva maneuver　12.081
端压　end pressure　06.071
短环反馈　short-loop feedback　11.106
短时记忆　short-term memory　03.215
断头[术]　decapitation　03.162
对氨基马尿酸盐清除率　paraaminohippurate

clearance　09.058
对比敏感性　contrast sensitivity　04.102
对光反射　light reflex　04.120
多巴胺　dopamine, DA　03.065
多道[生理]记录仪　polygraph　13.010
多觉型感受器　polymodal receptor　04.019
多尿　polyuria　09.063
多普勒超声流量计　Doppler ultrasonic flow
　　meter　13.054
* 多氏袋　Douglas bag　13.067
多突触反射　multisynaptic reflex　03.130

E

恶心　nausea　08.086
呃逆　hiccup　08.037
儿茶酚胺　catecholamine, CA　03.064
耳聋　deafness　04.138
耳蜗电图　electrocochleogram, ECochG
　　04.158
耳蜗力学　cochlear mechanics　04.147
耳蜗内电位　endocochlear potential　04.148
耳蜗微音[器]电位　cochlear microphonic
　　potential　04.150
1,25-二羟胆钙化醇　1,25-dihydroxychole-

calciferol, 1,25(OH)$_2$D$_3$　11.124
二氧化碳分析仪　capnograph　13.064
二氧化碳分压　partial pressure of carbon
　　dioxide　07.065
二氧化碳含量　carbon dioxide content
　　07.084
二氧化碳解离曲线　carbon dioxide dissociation
　　curve　07.080
二氧化碳容量　carbon dioxide capacity
　　07.083
二氧化碳张力　carbon dioxide tension　07.067

F

发放　firing　02.040
发放阈　firing threshold　02.077
* 发生器电位　generator potential　04.006
发育生理学　developmental physiology
　　01.007
乏极化电极　non-polarizable electrode
　　13.031
翻正反射　righting reflex　03.182
反馈　feedback　01.033
反射　reflex　03.089
反射弧　reflex arc　03.090
反射时　reflex time　03.094
反射性排卵　reflex ovulation　11.177
反应　response, reaction　01.050
反应时　reaction time, RT　03.139
反应性充血　reactive hyperemia　06.157

返回抑制　recurrent inhibition　03.133
泛化　generalization　03.264
房-室延搁　atrio-ventricular delay　06.045
防御反射　defense reflex　03.198
放电　discharge　02.041
放置反射　placing reflex　03.178
菲克原理　Fick′s principle　06.161
非蛋白呼吸商　nonprotein respiratory
　　quotient, NPRQ　10.010
非特异投射系统　unspecific projection system
　　03.252
非条件刺激　unconditioned stimulus　03.262
非条件反射　unconditioned reflex　03.256
非战栗产热　non-shivering thermogenesis,
　　NST　10.047
飞行错觉　illusion in flight　12.034

肥胖[症]　obesity, adipositas　10.018

* 肺 J 感受器　pulmonary J receptor　07.100

肺动脉高压　pulmonary hypertension　12.049

肺活量　vital capacity, VC　07.037

肺量计　spirometer　13.060

肺量图　spirogram　07.106

肺毛细血管旁感受器　juxtapulmonary capillary receptor　07.100

肺毛细血管楔压　pulmonary capillary wedge pressure　06.069

肺内压　intrapulmonary pressure　07.051

肺泡表面活性物质　alveolar surfactant　07.057

肺泡动脉血氧梯度　alveolar arterial oxygen gradient　07.085

肺泡气　alveolar gas　07.019

肺泡气体交换　alveolar gas exchange　07.063

肺泡通气　alveolar ventilation　07.044

肺牵张反射　pulmonary stretch reflex　07.102

肺牵张感受器　pulmonary stretch receptor　07.101

肺顺应性　lung compliance, pulmonary compliance　07.058

肺弹性回缩力　pulmonary elastic recoil　07.056

肺循环　pulmonary circulation, lesser circulation　06.003

肺总量　total lung capacity, TLC　07.038

* 费克原理　Fick's principle　06.161

分化　differentiation　03.265

分级电位　graded potential　03.087

分节运动　segmentation　08.041

分裂脑　split brain　03.223

分泌期　secretory phase　11.183

分娩　parturition, delivery　11.198

分散　divergence　03.109

粪便　feces, stool　08.044

锋电位　spike potential　02.012

冯氏效应　Feng's effect　02.090

副交感神经系统　parasympathetic nervous system　03.191

副性征　secondary sexual characteristics　11.164

κ 复合波　κ complex　03.233

复合动作电位　compound action potential　02.003

复极化　repolarization　01.066

复杂细胞　complex cell　03.154

腹式呼吸　abdominal breathing, diaphragmatic breathing　07.022

负反馈　negative feedback　01.034

负后电位　negative after-potential　02.010

G

* 钙离子　factor IV　05.058

甘氨酸　glycine　03.080

肝胆汁　hepatic bile　08.056

肝—肾反射　hepato-renal reflex　09.084

肝素　heparin　05.072

感官特殊能[学说]　specific energy of sense　04.008

感觉　sensation　04.001

感觉编码　sensory coding　04.010

感觉适应　sensory adaptation　04.012

感觉型　modality of sensation　04.009

感觉运动区　sensorimotor area　03.144

感觉阈　sensory threshold　04.013

感受器　receptor　04.002

感受器电位　receptor potential　04.005

感受器换能作用　transduction of receptor　04.016

感受性　receptivity　04.004

感受野　receptive field　04.003

高催乳素血症　hyperprolactinemia　11.066

高级神经活动　higher nervous activity　03.258

高空低氧　altitude hypoxia　12.015

高空减压病　altitude decompression sickness　12.026

高空胃肠胀气　barometerism　12.019

高山病　mountain sickness　12.048

高渗尿　hypertonic urine　09.070

高碳酸血症　hypercapnia　07.089

高铁血红蛋白　metahemoglobin　07.075

高温生理学 high temperature physiology 12.082

高血钙 hypercalcemia 11.128

高血糖 hyperglycemia 11.116

高血压 hypertension 06.146

* 高压舱 compression chamber 13.080

高压神经综合征 high pressure nervous syndrome, HPNS 12.067

高压系统感受器 high-pressure receptor 06.137

高压氧 hyperbaric oxygen, HBO 12.065

高压液相色谱仪 high pressure liquid chromatograph 13.079

高氧 hyperxia 07.088

睾酮 testosterone 11.143

* 睾酮-雌二醇结合球蛋白 testosterone-estradiol-binding globulin 11.153

睾丸 testis 11.141

* 膈呼吸 abdominal breathing, diaphragmatic breathing 07.022

"给"效应 on-effect 03.157

更年期 climacteric period 11.171

功能 function 01.008

功能残气量 functional residual capacity, FRC 07.039

功能定位 functional localization 03.009

共济失调 ataxia 03.181

共振学说 resonance theory 04.160

孤立脑 cerveau isolé(法) 03.170

孤立头 encéphale isolé(法) 03.171

骨导 bone conduction 04.141

谷氨酸 glutamic acid 03.079

关联性负变 contingent negative variation, CNV 03.225

灌流压 perfusion pressure 06.073

光感受作用 photoreception 04.081

光敏感性 photosensitivity 04.082

光谱敏感性 spectral sensitivity 04.083

H

海登海因小胃 Heidenhain's pouch 08.025

* 海登汉小胃 Heidenhain's pouch 08.025

氦氧潜水 helium-oxygen diving, heliox diving 12.068

氦语音 helium voice, helium speech 12.069

含氮激素 nitrogenous hormone 11.016

汗腺 sweat gland 10.060

航海生理学 nautical physiology 12.050

航空-航天生理学 aerospace physiology 12.011

航空生理学 aviation physiology 12.012

航天病 space sickness 12.044

航天生理学 space physiology 12.013

河鲀毒素 tetrodotoxin, TTX 02.033

* 河豚毒素 tetrodotoxin, TTX 02.033

* 赫林神经 Hering's nerve 06.125

褐色脂肪 brown adipose tissue, brown fat 10.061

* 黑-伯二氏反射 Hering-Breuer's reflex 07.102

* 黑视 blackout 12.030

* 亨利袢 Henle's loop 09.018

横管[系统] transverse tubular system 02.059

横桥 cross bridge 02.057

恒定比率重吸收 constant fraction reabsorption 09.024

恒流灌流 constant-flow perfusion 06.164

恒温 homeothermia (拉) 10.031

恒温浴槽 thermostatic bath 13.041

红视 redout 12.032

红细胞 erythrocyte, red blood cell, RBC 05.024

红细胞生成 erythropoiesis 05.084

* 红细胞压积 hematocrit 05.016

* 红血球 erythrocyte, red blood cell, RBC 05.024

后超极化 after-hyperpolarization 03.086

后电位 after-potential 02.009

后发放 after-discharge 03.112

后负荷 afterload 02.064

后微动脉 metarteriole 06.090

后象 after-image 04.104

呼出气 expiratory gas 07.018

呼气 expiration 07.003

呼气时间　expiratory duration　07.016
呼气中枢　expiratory center　07.095
呼吸　respiration　07.001
呼吸道阻力　airway resistance　07.053
呼吸功　work of breathing　07.060
* 呼吸过慢　bradypnea　07.035
呼吸缓慢　bradypnea　07.035
呼吸急促　tachypnea　07.032
呼吸减弱　hypopnea　07.008
呼吸困难　dyspnea　07.034
呼吸力学　breathing mechanics　07.026
呼吸描记器　pneumograph　13.063
呼吸膜　respiratory membrane　07.068
呼吸频率　respiratory frequency,
　　respiratory rate　07.021
呼吸商　respiratory quotient, RQ　10.009
呼吸速率计　pneumotachograph　13.061
呼吸调整中枢　pneumotaxic center　07.093
呼吸型式　breathing pattern　07.020
呼吸暂停　apnea　07.033
呼吸增强　hyperpnea　07.007
呼吸中枢　respiratory center　07.091
呼吸周期　breathing cycle　07.009
呼吸储备　breathing reserve, BR　07.059
互补色　complementary color　04.091
互感反应　consensual reaction　04.070
滑行[细丝]学说　sliding [filament] theory

02.088
化学感受器　chemoreceptor　04.022
化学感受器反射　chemoreceptor reflex,
　　chemoreflex　06.132
化学突触　chemical synapse　03.040
化学消化　chemical digestion　08.003
环境生理学　environmental physiology
　　12.001
还原血红蛋白　reduced hemoglobin　07.072
缓冲神经　buffer nerve　06.129
缓激肽　bradykinin　03.076
黄体化　luteinization　11.178
黄体期　luteal phase　11.174
黄体溶解　luteolysis　11.179
黄体生成素　luteinizing hormone　11.061
* 黄体生成素释放激素 (LHRH)
　　gonadotropin-releasing hormone, GnRH
　　11.039
* 灰视　greyout　12.031
回荡　reverberation　03.008
回荡回路　reverberating circuit　03.244
回漏　back-leak　09.030
回声定位　echolocation　04.157
回跳　rebound　03.114
会聚　convergence　03.108
活性中心　active center　11.031
获能　capacitation　11.189

J

基本电节律　basic electrical rhythm, BER
　　08.034
基本气味　primary odor　04.184
基本味觉　basic taste sensation　04.179
基础产热率　basal heat producing rate
　　10.049
基础代谢　basal metabolism　10.013
基础代谢率　basal metabolic rate, BMR
　　10.014
基强度　rheobase　01.053
机械感受器　mechanical receptor　04.020
机械消化　mechanical digestion　08.002
机制　mechanism　01.021
肌电图　electromyogram, EMG　02.094

肌电图机　electromyograph, EMG　13.013
* 肌电图描记器　electromyograph, EMG
　　13.013
肌动描记器　myograph　13.024
肌酸酐清除率　creatinine clearance　09.059
肌梭　muscle spindle　04.027
肌质网　sarcoplasmic reticulum　02.060
饥饿收缩　hunger contraction　08.033
激活　activation　02.019
激素　hormone　11.005
激素原　prohormone　11.018
激肽　kinin　03.075
极化　polarization　01.064
集落刺激因子　colony stimulating factor, CSF

05.092

集团蠕动　mass peristalsis　08.043

挤压伤　squeeze　12.076

脊髓动物　spinal animal　03.172

脊髓反射　spinal reflex　03.093

脊休克　spinal shock　03.141

季节性繁殖　seasonal breeding　11.162

记录电极　recording electrode　13.030

* 记纹鼓　kymograph　13.023

记纹器　kymograph　13.023

记忆　memory　03.214

记忆示波器　memory oscilloscope　13.018

继时性对比　successive contrast　04.101

加压　compression　12.070

加压舱　compression chamber　13.080

加压呼吸　pressure breathing　12.021

* 加压区　pressor area　06.123

甲状旁腺　parathyroid gland　11.125

甲状旁腺功能减退　hypoparathyroidism
11.127

甲状旁腺功能亢进　hyperparathyroidism
11.126

甲状旁腺[激]素　parathyroid hormone, PTH
11.130

甲状腺　thyroid gland　11.078

甲状腺功能减退　hypothyroidism,
hypothyrosis, hypothyrea　11.091

甲状腺功能亢进　hyperthyroidism,
hyperthyrosis, hyperthyrea　11.090

甲状腺激素　thyroid hormone　11.079

甲状腺胶质　thyroid colloid　11.085

甲状腺球蛋白　thyroglobulin, TG　11.083

甲状腺素　thyroxine, tetraiodothyronine,
T_4　11.081

甲状腺素结合前白蛋白　thyroxine-binding
pre-albumin, TBPA　11.087

甲状腺素结合球蛋白　thyroxine-binding
globulin, TBG　11.086

甲状腺肿　goiter　11.092

钾钠离子交换　potassium-sodium exchange
09.041

* 假定时间单位　half-saturation time unit
12.056

假怒　sham rage　03.206

假饲　sham feeding　08.022

假孕　pseudopregnancy, pseudocyesis　11.200

间接测热法　indirect calorimetry　10.023

间接抑制　indirect inhibition　03.035

检压计　manometer　13.051

碱血[症]　alkalemia　05.033

简单细胞　simple cell　03.153

简化眼　reduced eye　04.065

减量调节　down regulation　11.029

减压　decompression　12.071

* 减压舱　low pressure chamber　13.081

* 减压反射　depressor reflex　06.131

* 减压区　depressor area　06.124

* 减压神经　depressor nerve, aortic nerve
06.130

减压性骨坏死　dysbaric osteonecrosis　12.075

* 健适　physical fitness　12.010

腱反射　tendon reflex　03.177

僵直　rigor　02.085

降钙素　calcitonin, CT　11.131

降钙素基因相关肽　calcitonin-gene-related
peptide, CGRP　03.078

降压反射　depressor reflex　06.131

降压区　depressor area　06.124

降压神经　depressor nerve, aortic nerve
06.130

降中波　dicrotic wave　06.097

降中峡　dicrotic notch, dicrotic incisure
06.098

胶体渗透压　colloid osmotic pressure　05.036

交叉伸肌反射　crossed extensor reflex　03.100

交叉循环　cross circulation　06.165

交感紧张　sympathetic tone　06.107

交感神经系统　sympathetic nervous system
03.189

交感-肾上腺髓质系统　sympathetico-adreno-
medullary system　03.190

* 交媾　coitus, copulation　11.188

交互神经支配　reciprocal innervation　03.120

交互抑制　reciprocal inhibition　03.121

交换血管　exchange vessel　06.084

觉醒　wakefulness　03.246

* 接触因子　contact factor　05.065

接受位点　acceptor site　11.025

阶段减压　stage decompression　12.072

阶梯现象　staircase phenomenon, treppe
06.039

节后神经元　postganglionic neuron　03.193

α节律　α-rhythm　03.228

β节律　β-rhythm　03.229

δ节律　δ-rhythm　03.230

θ节律　θ-rhythm　03.231

节前神经元　preganglionic neuron　03.192

拮抗色觉学说　opponent color theory　04.093

拮抗作用　antagonism　03.110

结节-漏斗系统　tubero-infundibular system
11.050

紧密连接　tight junction　09.029

紧张性放电　tonic discharge　02.076

紧张性收缩　tonic contraction　02.075

近侧肾单位　proximal nephron　09.005

近端小管　proximal tubule　09.016

* 近球细胞　juxtaglomerular cell　09.036

* 近球小体　juxtaglomerular apparatus, JGA
09.035

近视　myopia　04.062

近髓肾单位　juxtamedullary nephron　09.004

晶体渗透压　crystal osmotic pressure　05.037

精氨酸升压素　arginine-vasopressin, AVP
11.073

精辨觉　epicritic sensation　03.145

8-精催产素　8-arginine-vasotocin, AVT,
vasotocin　11.075

* 8-精加压催产素　8-arginine-vasotocin,
AVT, vasotocin　11.075

精子穿入　sperm penetration　11.192

颈动脉窦压力感受器反射　carotid sinus
baroreceptor reflex　06.126

静脉回流　venous return　06.058

静脉回心血量　venous return　06.057

静脉[血]压　venous pressure　06.065

静位感觉　static sensation　04.165

静息电位　resting potential　02.007

菊糖清除率　inulin clearance　09.057

局部电位　local potential　02.013

局部反应　local response　01.052

局部激素　local hormone　11.015

咀嚼　mastication　08.007

巨核细胞　megakaryocyte　05.029

巨噬细胞　macrophage　05.031

绝对不应期　absolute refractory period
01.060

绝经[期]　menopause　11.170

绝育　sterillization　11.203

绝缘传导　insulated conduction　02.045

K

卡价　caloric value　10.007

抗利尿　antidiuresis　09.066

* 抗利尿激素　vasopressin, antidiuretic
hormone, ADH　06.153

抗凝剂　anticoagulant, decoagulant　05.069

抗凝血酶Ⅲ　antithrombin Ⅲ, ATⅢ　05.070

抗凝[作用]　anticoagulation　05.071

* 抗血友病因子　antihemophilic factor, AHF
05.061

科里奥利加速度　Coriolis acceleration
12.047

咳嗽反射　cough reflex　07.103

* 可感蒸发　sensible perspiration, sweating
10.064

可塑性　plasticity　03.210

可兴奋细胞　excitable cell　01.013

渴觉　thirst sensation　04.047

空间定向　spatial orientation　04.172

空间定向障碍　spatial disorientation
12.045

空间感觉　space sense　04.171

空间近视　empty-field myopia　12.035

空间总和　spatial summation　02.038

空晕病　airsickness　12.024

空中失能　inflight incapacitation　12.046

口腔温度　oral temperature　10.026

* 库欣反应　Cushing's response　06.145

跨壁压　transmural pressure　06.064

跨肺压　transpulmonary pressure　07.027

[跨]膜电位　membrane potential,

transmembrane potential 02.006

跨神经元变性 transneuronal degeneration 03.021

快反应动作电位 fast response action potential 06.028

快速眼动睡眠 rapid eye movement sleep, REMS 03.250

快痛 fast pain 04.041

扩散 irradiation 03.116

扩散盒 diffusion chamber 13.049

L

劳动生理学 work physiology 12.100

老视 presbyopia 04.064

* 乐氏液 Locke's solution 01.070

类固醇激素 steroid hormone 11.017

冷冻损伤 cryodamage 12.095

冷利尿 cold-diuresis 12.094

冷敏神经元 cold-sensitive neuron 10.051

冷升压反射 cold-pressor reflex 06.144

冷适应 cold adaptation 10.056

冷痛 crymodynia 12.096

离心控制 centrifugal control 03.180

离心型运动 eccentric exercise 12.112

离子电流 ion current 01.030

离子梯度 ion gradient 01.031

离子通道 ion channel 01.029

离子选择电极 ion selective electrode 13.033

离子载运体 ionophore 01.028

利尿 diuresis 09.065

利尿钠激素 natriuretic hormone 09.038

利用时 utilization time 01.054

立体定位仪 stereotaxic apparatus 13.019

立体视觉 stereoscopic vision 04.115

立体显微镜 stereomicroscope 13.021

粒细胞 granulocyte 05.027

粒细胞生成 granulopoiesis 05.085

联络区 association area 03.220

联络神经元 association neuron 03.031

量子含量 quantal content 02.050

量子释放 quantal release 02.049

亮度 brightness 04.097

林格[溶]液 Ringer's solution 01.069

临界闭合压 critical closing pressure 06.072

临界融合频率 critical fusion frequency 02.089

淋巴回流 lymphatic return 06.099

淋巴生成 lymphogenesis 05.012

淋巴细胞 lymphocyte 05.044

淋巴细胞生成 lymphopoiesis 05.086

淋巴液 lymph fluid 05.009

铃蟾肽 bombesin 08.079

流式细胞分选器 flow cell sorter 13.047

流式细胞器 flow cytometer 13.046

流体静力压 hydrostatic pressure 06.075

滤过分数 filtration fraction 09.015

滤过膜 filter membrane 09.008

挛缩 contracture 02.086

卵巢 ovary 11.140

卵巢周期 ovarian cycle 11.172

卵泡发育 follicular development 11.175

卵泡期 follicular phase 11.173

洛克[溶]液 Locke's solution 01.070

M

马雷定律 Marey's law 06.128

* 马利定律 Marey's law 06.128

脉搏 pulse 06.094

脉搏波 pulse wave 06.096

脉搏描记器 sphygmograph 13.052

脉搏图 sphygmogram 06.093

脉搏压 pulse pressure 06.076

脉率 pulse rate 06.095

* 慢波 slow wave 08.034

慢反应动作电位 slow response action potential 06.029

慢痛 slow pain 04.042

盲 blindness 04.117

盲点 blind spot 04.108

毛细[血]管脆性　capillary fragility　05.045

毛细[血]管通透性　capillary permeability　05.046

毛细血管血压　capillary pressure　06.068

每搏输出量　stroke volume　06.017

每分通气量　minute ventilation volume　07.043

糜蛋白酶　chymotrypsin　08.051

糜蛋白酶原　chymotrypsinogen　08.052

迷路紧张反射　tonic labyrinthine reflex　03.196

迷走紧张　vagal tone　06.105

迷走－迷走反射　vago－vagal reflex　08.088

迷走脱逸　vagal escape　06.106

迷走－胰岛素系统　vago－insulin system　08.055

迷走抑胃素　vagogastrone　08.077

明适应　light adaptation　04.099

明视觉　photopic vision　04.052

膜长度常数　membrane length constant　02.030

膜电导　membrane conductance　02.027

膜电流　membrane current　02.023

膜电容　membrane capacitance　02.026

膜电阻　membrane resistance　02.024

膜反应曲线　membrane responsive curve　06.046

[膜]流体镶嵌模型　fluid mosaic model　01.022

膜片箝　patch clamp　02.022

膜时间常数　membrane time constant　02.029

膜消化　membrane digestion　08.096

膜学说　membrane theory　02.028

膜阻抗　membrane impedance　02.025

摩尔凝固热　mol solidifying heat　12.098

母体免疫系统　mother's immune system　11.213

母体妊娠识别　maternal recognition of pregnancy　11.207

募集　recruitment　03.115

N

钠泵　sodium pump　01.042

耐力　endurance capacity　12.106

耐受限度　tolerance limit　12.003

男性化　virilism　11.109

脑－肠肽　brain－gut peptide　08.080

脑电图　electroencephalogram, EEG　03.226

脑电图机　electroencephalograph, EEG　13.012

* 脑电图描记器　electroencephalograph, EEG　13.012

脑啡肽　enkephalin　03.071

脑脊液　cerebrospinal fluid　05.005

脑皮层电图　electrocorticogram, ECOG　03.227

脑缺血反应　cerebral ischemic response　06.145

内啡肽　endorphin　03.070

内分泌　endocrine, internal secretion　11.002

内分泌系统　endocrine system　11.004

内分泌细胞　endocrine cell　11.003

内分泌学　endocrinology　11.001

内感受器　interoceptor　04.017

内呼吸　internal respiration　07.013

内环境　internal environment　01.016

内淋巴电位　endolymphatic potential　04.149

内皮缩血管肽　endothelin　06.156

内皮细胞舒血管因子　endothelium－derived relaxing factor, EDRF　06.155

内向通量　influx　01.024

内向整流　inward rectification　06.031

内因子　intrinsic factor　08.038

内源性阿片样肽　endogenous opioid peptide　03.067

内源性产热　endogenous heat production　10.048

内源性凝血　intrinsic coagulation　05.053

内脏感觉　visceral sensation　04.034

能量代谢　energy metabolism　10.001

能量交换　energy exchange　10.004

能量平衡　energy balance　10.003

* 能量收支　energy balance　10.003

能量消耗 energy expenditure 10.002

逆流倍增[机制] counter-current multiplication [mechanism] 09.048

逆流交换[机制] counter-current exchange [mechanism] 09.047

逆流热交换 counter current heat exchange 10.045

逆向传导 antidromic conduction 03.036

逆向转运 antiport 09.027

逆行变性 retrograde degeneration 03.020

逆转电位 reversal potential 02.016

年节律 cirannual rhythm 11.024

粘度计 viscometer 13.042

粘液屏障 mucus barrier 08.029

尿 urine 09.060

尿钾增多 kaliuresis 09.074

尿磷酸盐增多 phosphaturia 09.077

尿氯增多 chloriuresis 09.075

尿钠增多 natriuresis 09.073

尿浓缩机制 urinary concentrating mechanism 09.045

尿生成 urine formation 09.007

尿素再循环 urea recirculation 09.051

尿胃蛋白酶原 uropepsinogen 08.076

尿稀释机制 urinary diluting mechanism 09.046

尿液酸化 acidification of urine 09.042

尿意 micturition desire 09.079

尿重碳酸盐增多 bicarbonaturia 09.076

凝集素 agglutinin 05.095

凝集原 agglutinogen 05.094

凝集[作用] agglutination 05.096

★ 凝血 blood coagulation, blood clotting 05.049

凝血酶 thrombin 05.068

★ 凝血酶原 prothrombin 05.056

凝血因子 blood coagulation factor 05.054

[凝血]因子 I factor I 05.055

[凝血]因子 II factor II 05.056

[凝血]因子 III factor III 05.057

[凝血]因子 IV factor IV 05.058

[凝血]因子 V factor V 05.059

[凝血]因子 VII factor VII 05.060

[凝血]因子 VIII factor VIII 05.061

[凝血]因子 IX factor IX 05.062

[凝血]因子 X factor X 05.063

[凝血]因子 XI factor XI 05.064

[凝血]因子 XII factor XII 05.065

[凝血]因子 XIII factor XIII 05.066

O

呕吐反射 vomiting reflex 08.021

P

排便反射 defecation reflex 08.045

排氮 denitrogen 12.042

排放学说 volley theory 04.161

排卵 ovulation 11.176

排尿 micturition, urination, uresis 09.080

排尿反射 micturition reflex 09.081

排乳反射 milk ejection reflex 11.217

排泄 excretion 09.001

排氧 deoxygenation 12.043

旁分泌 paracrine 11.009

膀胱内压 intravesical pressure 09.078

膀胱-肾反射 vesico-renal reflex 09.083

喷嚏反射 sneezing reflex 07.104

碰撞 collision 02.047

皮层代表区 cortical representation 03.167

皮层功能柱 cortical functional column 03.014

皮层运动区 cortical motor area 03.183

皮褶厚度 skinfold 12.110

皮质醇 cortisol, hydrocortisone 11.099

★ 皮质激素运载蛋白 corticosteroid-binding globulin, CBG, transcortin 11.096

皮质类固醇结合球蛋白 corticosteroid-binding globulin, CBG, transcortin 11.096

皮质肾单位　cortical nephron　09.003
皮质酮　corticosterone　11.098
平衡电位　equilibrium potential　02.015
平衡感觉　equilibrium sensation　04.164
平静呼吸　eupnea　07.010
平均诱发电位　average evoked potential
03.242
普通生理学　general physiology　01.002
浦肯野转移　Purkinje shift　04.096
瀑布学说　cascade theory, water-fall theory
05.051

Q

期前收缩　premature systole　06.035
起搏点　pacemaker　06.040
启动电位　generator potential　04.006
器官生理学　organ physiology　01.006
气导　air conduction　04.140
* 气道阻力　airway resistance　07.053
气哽　chokes　12.028
气胸　pneumothorax　07.061
* 气压伤　barotrauma　12.027
气压性损伤　barotrauma　12.027
气致渗透　gas-induced osmosis　12.077
牵涉痛　referred pain　04.043
牵张反射　stretch reflex, myotatic reflex
03.176
牵张感受器　stretch receptor　04.025
前阿黑皮素原　pre-pro-opiomelanocortin,
pre-POMC　11.067
前负荷　preload　02.063
前激素原　pre-prohormone　11.019
* 前加速素　proaccelerin　05.059
前馈　feedforward　03.088
前列环素　prostacyclin, PGI$_2$　05.079
前列腺素　prostaglandin, PG　11.132
前庭感觉　vestibular sensation　04.162
前庭感受器　vestibular receptor　04.163
* 前转变素　proconvertin　05.060
潜伏期　latent period, latency　02.078
潜水反射　diving reflex　06.142
潜水减压病　diving decompression sickness
12.073
潜水生理学　diving physiology　12.051
潜水员眩晕症　diver's staggers　12.074
潜在起搏点　latent pacemaker　06.041
强度-时间曲线　strength-duration curve
01.056

强啡肽　dynorphin　03.073
强化　reinforcement　03.126
强直后增强　posttetanic potentiation, PTP
03.217
强直收缩　tetanus　02.072
25-羟胆钙化醇　25-hydroxycholecalciferol,
25(OH)-D$_3$　11.123
5-羟色胺　5-hydroxytryptamine, 5-HT
03.063
青春期　puberty　11.163
氢泵　hydrogen pump　09.043
* 氢化可的松　cortisol, hydrocortisone
11.099
氢钠离子交换　hydrogen-sodium exchange
09.040
清除率试验　clearance test　09.085
情绪　emotion　03.204
丘脑非特异投射　thalamic nonspecific
projection　03.148
球蛋白　globulin　05.022
趋化性　chemotaxis　05.038
躯体定位组构　somatotopic organization
03.184
躯体感觉　somatic sensation　04.033
屈反射　flexion reflex　03.101
屈光不正　ametropia, refraction error　04.060
屈光度　diopter　04.057
屈光计　dioptometer　13.075
屈肢症　bends　12.029
去传入　deafferentation　03.142
去大脑动物　decerebrate animal　03.169
去大脑僵直　decerebrate rigidity　03.168
去[获]能　decapacitation　11.190
去极化　depolarization　01.065
去甲肾上腺素　noradrenaline, NA,

norepinephrine, NE 03.060

去神经 denervation 03.017

去神经增敏 denervation hypersensitization 03.187

去同步化 desynchronization 03.235

去氧血红蛋白 deoxyhemoglobin 07.073

去抑制 disinhibition 03.118

醛固酮 aldosterone 11.102

全或无定律 all-or-none law 02.018

＊缺氧 hypoxia 07.086

R

热积蓄 heat accumulation 12.083

＊热价 caloric value 10.007

热僵 heat rigor 12.087

热痉挛 heat cramp 12.085

热量计 calorimeter 13.068

热敏神经元 heat-sensitive neuron, warm-sensitive neuron 10.052

热身运动 warming up 12.115

热适应 heat adaptation 10.055

热衰竭 heat exhaustion 12.086

热调节中枢 heat regulating center 03.199

热虚脱 heat collapse 12.084

人工冬眠 induced hibernation 10.058

人工呼吸 artificial respiration, artificial breathing 07.025

人工呼吸器 artificial respirator 13.062

人工授精 artificial insemination 11.201

人工智能 artificial intelligence 03.273

人工重力航天模拟器 artificial gravity spacecraft simulator 13.082

人机环境系统 man-machine-environment system 12.014

人类白细胞抗原系统 human leucocyte antigen system, HLA 05.101

人类绝经期促性腺激素 human menopausal gonadotropin, HMG 11.209

人绒毛膜促性腺激素 human chorionic gonadotrophin, HCG 11.208

＊人绒毛膜生长素 human chorionic somatomammotrophin, HCS 11.211

人胎盘催乳素 human placental lactogen, HPL 11.211

＊任氏液 Ringer's solution 01.069

妊娠 pregnancy, gestation 11.197

日射热 sun stroke 12.090

溶血 hemolysis 05.018

溶血素 hemolysin 05.017

容积导体 volume conductor 02.017

容量负荷 volume load 06.118

容量感受器 volume receptor 06.135

容量血管 capacitance vessel 06.085

容受性舒张 receptive relaxation 08.031

＊绒毛收缩素 villikinin 08.074

蠕动 peristalsis 08.039

蠕动冲 peristaltic rush 08.040

乳化作用 emulsification 08.091

乳糜 chyle 08.094

乳糜微粒 chylomicron 08.095

S

三重反应 triple response 06.160

三碘甲腺原氨酸 3,5,3′-triiodothyronine, T_3 11.080

三联体 triad 02.061

三原色觉学说 trichromatic theory 04.094

散光 astigmatism 04.061

散热 thermolysis, body heat loss 10.054

散热中枢 thermolytic center 10.043

搔反射 scratch reflex 03.098

扫描电镜 scanning electron microscope 13.020

色辨别 color discrimination 04.089

色度 chromaticity 04.087

色对比 color contrast 04.090

色觉 color vision 04.086

色盲 color blindness 04.095

闪光盲 flash blindness 12.033

闪光融合频率 flicker fusion frequency, FFF

04.106

伤害感受　nociception　04.032

伤害性感受器　nociceptor　04.031

上皮生长因子　epidermal growth factor
11.120

上行激活系统　ascending activating system
03.147

少尿　oliguria　09.062

摄食行为　feeding behavior　10.019

摄食中枢　feeding center　03.202

射精　ejaculation　11.187

射血分数　ejection fraction　06.018

射血期　ejection period　06.010

伸反射　extension reflex　03.102

深部感觉　deep sensation　04.035

神经变性　neural degeneration　03.018

神经冲动　nerve impulse　02.039

神经垂体　neurohypophysis, posterior pituitary
11.071

神经垂体素运载蛋白　neurophysin　11.049

神经递质　neurotransmitter　03.052

神经调质　neuromodulator　03.051

神经毒素　neurotoxin　03.030

神经分泌[作用]　neurocrine, neurosecretion
11.010

神经盒　nerve chamber　13.037

神经回路　neural circuit　03.024

神经肌肉接头　neuromuscular junction
02.053

神经激素　neurohormone　11.012

* 神经降压素　neurotensin, NT　11.047

神经降压肽　neurotensin, NT　11.047

神经科学　neuroscience　03.002

神经类型　nervous type　03.267

神经内分泌　neuroendocrine　11.011

神经内分泌细胞　neuroendocrine cell　11.013

神经生长因子　nerve growth factor　11.119

神经生理学　neurophysiology　03.001

神经生物趋向性　neurobiotaxis　03.010

神经生物学　neurobiology　03.003

神经调节　neuroregulation, neural regulation
01.018

神经调制　neuromodulation　03.050

神经通路　nervous pathway　03.026

神经营养性效应　neurotrophic effect　03.012

神经元回路　neuronal circuit　03.025

神经元识别　neuronal recognition　03.011

神经元学说　neuron doctrine　03.023

神经再生　neural regeneration　03.019

神经支配　innervation　03.016

神经肽　neuropeptide　03.072

肾单位　nephron　09.002

肾上腺皮质　adrenal cortex　11.093

肾上腺皮质功能不全　adrenal insufficiency
11.110

肾上腺皮质功能减退　hypoadrenocorticism,
hypocorticism, hypocorticalism　11.112

肾上腺皮质功能亢进　hyperadrenocorticism,
hypercorticism, hypercorticalism　11.111

肾上腺皮质激素　adrenal cortical hormone,
corticoid　11.095

肾上腺素　adrenaline, epinephrine　03.062

肾上腺素受体　adrenoceptor　03.061

肾上腺髓质　adrenal medulla　11.094

肾－肾反射　reno-renal reflex　09.082

肾素　renin　06.150

肾素－血管紧张素－醛固酮系统
renin-angiotensin-aldosterone system, RAAS
06.151

[肾]髓质渗透压梯度　medullary osmotic
pressure gradient　09.049

肾糖阈　renal glucose threshold　09.034

肾小管重吸收　tubular reabsorption　09.022

肾小管分泌　tubular secretion　09.039

肾小管负荷　tubular load　09.025

[肾小]管－[肾小]球反馈　tubulo-glomerular
feedback　09.033

肾小管最大转运率　maximal rate for tubular
transport, tubular transport maximum, Tm
09.028

[肾小]囊内压　hydrostatic pressure in
Bowman′s space　09.011

肾小球滤过　glomerular filtration　09.012

肾小球滤过率　glomerular filtration rate, GFR
09.014

肾小球毛细血管压　glomerular capillary
pressure　09.010

[肾小]球旁器　juxtaglomerular apparatus, JGA

09.035

[肾小]球旁细胞　juxtaglomerular cell　09.036

[肾小]球-[肾小]管平衡　glomerulo-tubular balance　09.032

肾血浆流量　renal plasma flow, RPF　09.053

肾血流量　renal blood flow, RBF　09.052

渗透清除率　osmolar clearance, Cosm　09.056

渗透性利尿　osmotic diuresis　09.068

渗透压感受器　osmoreceptor　04.030

渗透压计　osmometer　13.043

声音频率辨别　sound frequency discrimination　04.132

声音强度辨别　sound intensity discrimination　04.133

声源定位　sound localization　04.156

生电泵　electrogenic pump　01.038

生精周期　spermatogenic cycle　11.155

＊生理性体温　automatic thermoregulation　10.038

生理学　physiology　01.001

生命保障系统　life-support system, LSS　12.009

＊生命维持系统　life-support system, LSS　12.009

＊生命支持系统　life-support system, LSS　12.009

生物电积分仪　bioelectrical integrator　13.008

生物电前级放大器　bioelectrical preamplifier　13.001

＊生物电前置放大器　bioelectrical preamplifier　13.001

生物电微分仪　bioelectrical differentiator　13.009

生物放大效应　biological amplification　11.028

生物节律　biologic rhythm, biorhythm　11.021

生物信息处理仪　biological signal processor　13.005

生物学鉴定法　biological assay, bioassay　11.218

生物钟　biologic clock, bioclock　11.020

生育力　fertility　11.205

＊生长调节素　somatomedin, SOM　11.064

生长激素　growth hormone, GH, somatotropin　11.063

生长[激]素释放激素　growth hormone releasing hormone, GHRH　11.040

＊生长激素释放抑制激素　growth hormone release inhibiting hormone, GIH, somatostatin　11.041

生长素介质　somatomedin, SOM　11.064

生长抑素　growth hormone release inhibiting hormone, GIH, somatostatin　11.041

生殖　reproduction　11.138

＊生殖周期　sexual cycle　11.156

升压区　pressor area　06.123

失活　inactivation　02.020

失血　blood loss　05.014

失重　weightlessness　12.040

湿冷病　wet cold disease　12.097

[十二指肠]球抑胃素　bulbogastrone　08.081

时间总和　temporal summation　02.037

时值　chronaxie (法)　01.055

食管内压　intraesophageal pressure　07.028

食糜　chyme　08.010

[食物的]特殊动力效应　specific dynamic effect, SDE　10.015

食欲　appetite　08.085

始段锋电位　initial segment spike　03.085

适宜刺激　adequate stimulus　04.011

适应　adaptation　01.058

适应计　adaptometer　13.076

适应性锻炼　adaptive training　12.004

适应性行为　adaptive behavior　03.212

视蛋白　opsin　04.074

视黄醛　retinene　04.073

视见度　visibility　04.085

视角　visual angle　04.058

视觉　vision　04.048

视觉剥夺　visual deprivation　04.054

视觉分辨　visual discrimination　04.053

视觉暂留　persistence of vision　04.103

视敏度　visual acuity　04.105

视皮层　visual cortex　04.068

视色素　visual pigment　04.071

视调节　visual accommodation　04.056

视通路 visual pathway 04.066

视投射 visual projection 04.067

视网膜电图 electroretinogram, ERG 04.078

视野 visual field 04.109

视野计 perimeter 13.074

视阈 visual threshold 04.084

视轴 visual axis 04.055

视紫红质 rhodopsin 04.072

收缩 contraction 02.066

收缩性 contractility 02.068

收缩压 systolic pressure 06.061

* 授乳 lactation 11.214

受精 fertilization 11.193

受精卵 fertilized ovum 11.194

受体 receptor 01.009

瘦体重 lean body mass, LBM 10.016

舒血管神经 vasodilator nerve 06.120

舒张 relaxation 02.067

舒张末期 diastasis 06.014

舒张期 relaxing period 02.080

舒张期末压 end-diastolic pressure 06.019

舒张前期 protodiastole 06.013

舒张压 diastolic pressure 06.062

树-树突触 dendro-dendritic synapse 03.045

竖毛 pilo-erection 10.065

双重神经支配 double innervation 06.100

双耳听觉 binaural hearing 04.128

5α-双氢睾酮 5α-dihydrotestosterone, DHT 11.144

双相动作电位 biphasic action potential 02.005

双眼竞争 binocular competition 04.112

双眼视差 binocular parallax 04.113

双眼视觉 binocular vision 04.111

双眼视象融合 binocular fusion 04.114

[双眼象]差异 disparity 04.110

水利尿 water diuresis 09.067

水面当量 surface-equivalent 12.078

水下视觉 underwater vision 12.080

水下听觉 underwater hearing 12.079

水肿 edema 05.011

睡眠 sleep 03.245

睡眠清醒周期 sleep-waking cycle 03.247

睡眠中枢 sleep center 03.254

瞬目反射 blink reflex 04.119

瞬时型感受器 transient receptor 04.028

顺向传导 orthodromic conduction 03.037

顺应 accommodation 01.057

* 斯图亚特因子 Stuart-Prower factor 05.063

* 死腔 dead space 07.048

* 死区 dead space 07.048

* 四碘甲腺原氨酸 thyroxine, tetraiodothyronine, T₄ 11.081

四乙铵 tetraethylammonium, TEA 02.034

松弛素 relaxin 11.199

松果体激素 pineal hormone 11.136

松果腺[体] pineal gland [body] 11.134

速度-容积曲线 velocity-volume curve 06.078

速激肽 tachykinin 03.077

酸血[症] acidemia 05.032

随意呼吸 voluntary breathing 07.014

随意运动 voluntary movement 03.159

* 髓旁肾单位 juxtamedullary nephron 09.004

髓外造血 extramedullary hemopoiesis 05.089

髓质高渗 hypertonicity in the medulla 09.050

髓袢 Henle's loop 09.018

髓袢升支粗段 ascending thick limb of Henle's loop 09.019

髓袢升支细段 ascending thin limb of Henle's loop 09.020

缩肠绒毛素 villikinin 08.074

缩胆囊素 cholecystokinin, CCK 08.066

缩短期 shortening period 02.079

缩短热 shortening heat 02.083

缩血管神经 vasoconstrictor nerve 06.119

锁相 phase-locking 03.240

T

头顶诱发电位 vertex evoked potential 03.243

头期 cephalic phase 08.026

突触 synapse 03.038

突触传递 synaptic transmission 03.049

突触后抑制 postsynaptic inhibition 03.132

突触前电位 presynaptic potential 03.134

突触前抑制 presynaptic inhibition 03.131

突触延搁 synaptic delay 03.137

湍流 turbulent flow 06.054

褪黑[激]素 melatonin, MLT 11.137

吞噬细胞 phagocyte 05.042

吞噬[作用] phagocytosis 05.041

吞咽 swallowing, deglutation 08.011

吞咽反射 swallowing reflex, deglutation reflex 08.012

脱敏作用 desensitization 02.091

脱氢表雄酮 dehydroepiandrosterone 11.108

脱适应 deadaptation 12.005

脱水 dehydration 12.089

脱习服 deacclimatization 12.008

脱氧皮质[甾]酮 deoxycorticosterone, DOC 11.103

唾液 saliva 08.008

* 唾液蛋白 sialoprotein 09.009

唾液淀粉酶 ptyalin, salivary amylase 08.009

W

* 蛙皮素 bombesin 08.079

瓦尔萨尔瓦动作 Valsalva maneuver 12.081

外耳道共振效应 resonance effect of meatus 04.142

外感受器 exteroceptor 04.018

外呼吸 external respiration 07.012

外激素 pheromone 11.014

外向通量 efflux 01.025

外源性凝血 extrinsic coagulation 05.052

外周化学感受器 peripheral chemoreceptor 07.098

外周静脉压 peripheral venous pressure 06.067

外周[血管]阻力 peripheral [vascular] resistance, PVR 06.087

外周阻力单位 peripheral resistance unit, PRU 06.088

晚感受器电位 late receptor potential, LRP 04.077

* 万用支架 universal stand 13.036

微操作器 micromanipulator 13.022

微穿刺技术 micropuncture technique 09.086

微电极 microelectrode 13.032

微电极放大器 microelectrode amplifier 13.004

微电极拉制器 microelectrode puller 13.016

微电泳仪 microiontophoresis apparatus 13.014

微动脉 arteriole 06.089

微灌流技术 microperfusion technique 09.087

微胶粒脂酶 micelle lipase 08.093

微胶粒作用 micellization 08.092

微静脉 venule 06.091

微量灌流泵 microperfusion pump 13.057

微绒毛 microvillus 08.090

微小气候 microclimate 12.088

微循环 microcirculation 06.004

微重力 microgravity 12.041

* 韦伯-费希纳感觉定律 Weber-Fechner's law of sensation 04.015

韦-费感觉定律 Weber-Fechner's law of sensation 04.015

维持热 maintenance heat 02.084

* 维生素 D_3 cholecalciferol 11.122

味觉 gustatory sensation, taste 04.173

味觉对比 taste contrast 04.178

味觉感受器 gustatory receptor, taste receptor 04.174

味觉阈 taste threshold 04.175

味盲 taste blindness 04.177

胃-肠反射 gastro-intestinal reflex 08.019

胃肠激素 gut hormone 08.063

胃肠学 gastroenterology 08.006

胃蛋白酶 pepsin 08.017

胃蛋白酶原 pepsinogen 08.018

胃肌电图　gastro-electromyogram　08.036
胃瘘　gastric fistula　08.023
★ 胃泌素　gastrin　08.064
胃排空　gastric emptying　08.032
胃期　gastric phase　08.027
胃液　gastric juice　08.013
胃液酸度　gastric acidity　08.014
胃粘膜屏障　gastric mucosal barrier　08.030
位相性放电　phasic discharge　02.074
位相性收缩　phasic contraction　02.073
位置感觉　position sense　04.167
温度感觉　temperature sensation　04.039
温度感受器　temperature receptor　04.021

温度适中范围　thermal neutral zone　10.044
温度图仪　thermograph　13.071
稳定电位　steady potential　03.236
稳态　homeostasis　01.017
★ 涡流　turbulent flow　06.054
无尿　anuria　09.061
无色　achromatic color　04.088
无效腔　dead space　07.048
无氧代谢　anaerobic metabolism　10.021
无氧代谢能力　anaerobic capacity　12.102
无氧阈　anaerobic threshold, AT　12.103
★ 无脂肪体重　lean body mass, LBM　10.016
P 物质　substance P　03.074

X

吸气　inspiration　07.002
吸气切断机制　inspiratory off-switch
　mechanism　07.097
吸气时间　inspiratory duration　07.015
吸气中枢　inspiratory center　07.094
吸入气　inspiratory gas　07.017
吸收　absorption　08.089
膝跳反射　knee jerk　03.099
习得性行为　learned behavior　03.092
习服　acclimatization　12.007
习惯化　habituation　03.028
APUD 系统　amine precursor uptake and
　decarboxylation system　08.078
★ T 系统　transverse tubular system　02.059
细胞保护作用　cytoprotection　08.097
细胞内记录　intracellular recording　02.092
细胞内液　intracellular fluid　05.006
细胞生理学　cell physiology　01.005
细胞外记录　extracellular recording　02.093
细胞外液　extracellular fluid　05.007
下丘脑-垂体-甲状腺轴　hypothalamic-pi-
　tuitary-thyroid axis　11.052
下丘脑-垂体门脉系统　hypothalamic-hy-
　pophyseal portal system　11.034
下丘脑-垂体-肾上腺轴　hypothalamic-pi-
　tuitary-adrenal axis　11.053
下丘脑-垂体-性腺轴　hypothalamic-pi-
　tuitary-gonad axis　11.054

下丘脑促垂体区　hypothalamic
　hypophysiotropic area　11.035
下丘脑-神经垂体系统　hypothalamo-
　neurohypophyseal system　11.048
下丘脑调节性多肽　hypothalamic regulatory
　peptides　11.037
下行抑制　descending inhibition　03.125
下行抑制系统　descending inhibitory system
　03.149
下行易化系统　descending facilitatory system
　03.150
下肢负压　leg negative pressure, LNP　12.038
先天性行为　congenital behavior　03.091
★ 纤溶　fibrinolysis　05.073
纤溶酶原激活物　activator of plasminogen
　05.076
纤维蛋白　fibrin　05.067
纤维蛋白溶解　fibrinolysis　05.073
纤维蛋白溶酶　plasmin, fibrinolysin　05.075
纤维蛋白溶酶原　plasminogen, profibrinolysin
　05.074
★ 纤维蛋白稳定因子　fibrin stabilizing factor
　05.066
★ 纤维蛋白原　fibrinogen　05.055
涎蛋白　sialoprotein　09.009
显汗　sensible perspiration, sweating　10.064
腺垂体　adenohypophysis, anterior pituitary
　11.055

ABP 11.145
休克 shock 06.158
嗅电图 electro-olfactogram, EOG 04.181
嗅觉 olfactory sensation 04.180
嗅觉测量法 olfactometry 04.188
嗅觉计 olfactometer 13.073
嗅敏度 olfactory acuity 04.182
嗅阈 olfactory threshold 04.183
学习 learning 03.209
血-睾屏障 blood-testis barrier 11.154
血管活性肠肽 vasoactive intestinal
    polypeptide, VIP 08.075
* 血管加压素 vasopressin, antidiuretic
    hormone, ADH 06.153
血管紧张度 vascular tone 06.116
血管紧张素 angiotensin 06.149
血管升压素 vasopressin, antidiuretic hormone,
    ADH 06.153
血管收缩 vasoconstriction 06.114
血管舒张 vasodilatation 06.115
血管舒张素 kallidin 06.152
血管性水肿 angioedema 12.093
血管运动中枢 vasomotor center 06.122
血红蛋白 hemoglobin 05.023
血红蛋白计 hemometer 13.045
血浆 blood plasma 05.019
* 血浆凝血激酶 plasma thromboplastin
    component, PTC 05.062
* 血浆凝血激酶前质 plasma thromboplastin
    antecedent, PTA 05.064
血浆清除率 plasma clearance 09.054
血浆渗透压 plasma osmotic pressure 05.035
血块收缩 blood clot retraction 05.048
血量 blood volume 05.015
血流动力学 hemodynamics 06.050
血流量 blood flow 06.052
血-脑脊液屏障 blood-cerebrospinal fluid
    barrier 05.003
血-脑屏障 blood-brain barrier, BBB 05.002
血气分析 blood gas analysis 07.108

血清 blood serum 05.020
血栓烷 thromboxane 05.080
血细胞比容 hematocrit 05.016
血细胞计数器 blood cell counter, hematimeter
    13.048
血细胞渗出 diapedesis 05.043
血细胞生成 hematopoiesis, hemopoiesis
    05.081
血小板 thrombocyte, [blood] platelet 05.030
血小板聚集 platelet aggregation 05.078
血小板粘附[反应] platelet adhesion reaction
    05.077
血小板生成 thrombopoiesis 05.087
血型 blood group, blood type 05.097
ABO 血型系统 ABO blood group system
    05.098
MNSs 血型系统 MNSs blood group system
    05.100
Rh 血型系统 Rh blood group system 05.099
血压 blood pressure, BP 06.059
血压传感器 blood pressure transducer
    13.050
血压计 sphygmomanometer, hemomanometer
    13.055
血氧计 oximeter 13.044
血[液] blood 05.001
血液流变学 hemorheology 06.051
血[液]粘度 blood viscosity 05.034
血液凝固 blood coagulation, blood clotting
    05.049
血液气体分析仪 blood gas analyzer 13.065
血液气体运输 blood gas transport 07.070
血[液]循环 blood circulation 06.001
循环时[间] circulation time 06.049
循环衰竭 circulatory failure 06.159
循环系统平均充盈压 mean circulatory filling
    pressure 06.063
巡回潜水 excursion diving 12.058
迅速减压 rapid decompression 12.022

Y

压觉 pressure sensation 04.037

压力负荷 pressure load 06.117

压力感受器　pressure receptor, baroreceptor　04.024

压力感受器反射重调定　baroreflex resetting　06.133

压力-容积曲线　pressure-volume curve　06.077

压力性眩晕　pressure vertigo　12.036

压抑　depression　03.029

阉割　castration　11.204

烟碱性受体　nicotinic receptor　03.058

盐皮质激素　mineralocorticoid　11.101

* 盐皮质类固醇　mineralocorticoid　11.101

延迟热　delayed heat　02.082

掩蔽　masking　04.139

眼电图　electrooculogram, EOG　04.079

眼内压　intraocular pressure　04.069

眼心反射　oculocardiac reflex　06.143

眼优势　ocular dominance　03.156

眼震[颤]　nystagmus　04.170

眼震[颤]电图　electronystagmogram, ENG　04.080

眼震[颤]描记仪　nystagmograph　13.077

氧饱和　oxygen saturation　07.078

氧分析仪　oxygen analyzer　13.066

氧分压　partial pressure of oxygen　07.064

氧含量　oxygen content　07.077

氧耗量　oxygen consumption　10.006

氧合　oxygenation　07.071

氧合血红蛋白　oxyhemoglobin　07.074

氧解离曲线　oxygen dissociation curve　07.079

氧扩散容量　oxygen diffusion capacity　07.069

氧热价　thermal equivalent of oxygen　10.008

氧容量　oxygen capacity　07.076

氧债　oxygen debt　07.081

氧张力　oxygen tension　07.066

氧中毒　oxygen toxicity　12.066

痒觉　itching sensation　04.046

腋下温度　auxillary temperature　10.027

夜盲　night blindness　04.118

夜尿　nocturia　09.064

液体闪烁计数器　liquid scintillation counter　13.078

* 一般生理学　general physiology　01.002

移植　transplantation, reimplantation　11.221

胰蛋白酶　trypsin　08.048

胰蛋白酶原　trypsinogen　08.049

胰岛素　insulin　11.114

胰岛素血症　insulinemia　11.115

胰岛素样生长因子　insulin-like growth factor, IGF　11.118

胰淀粉酶　pancreatic amylase　08.053

胰多肽　pancreatic polypeptide, PP　08.072

胰高血糖素　glucagon　11.121

* 胰泌素　secretin　08.068

胰液　pancreatic juice　08.047

胰脂肪酶　pancreatic lipase　08.050

乙酰胆碱　acetylcholine, ACh　02.036

* N-乙酰-5-甲氧基色胺　melatonin, MLT　11.137

* 抑胃肽　glucose-dependent insulinotropic peptide, GIP　08.083

抑制　inhibition　01.015

抑制素　inhibin　11.152

抑制性递质　inhibitory transmitter　03.053

抑制性神经元　inhibitory neuron　03.034

抑制性突触　inhibitory synapse　03.047

抑制性突触后电位　inhibitory postsynaptic potential, IPSP　03.083

易化　facilitation　03.027

易化扩散　facilitated diffusion　01.037

易化区　facilitatory region　03.151

意识　consciousness　03.251

异常整流　anomalous rectification　06.031

异长自身调节　heterometric autoregulation　06.020

异位激素　ectopic hormone　11.033

异位起搏点　ectopic pacemaker　06.042

异相睡眠　paradoxical sleep　03.249

音调　pitch　04.130

音色　timbre　04.131

饮水中枢　drinking center　03.201

应激　stress　03.188

应激激素　stress hormone　11.100

应激性　irritability　01.014

应急反应　emergency reaction, fight-flight reaction　11.113

应用生理学　applied physiology　01.003

永久性阈移　permanent threshold shift, PTS
04.137

用力呼气量　forced expiratory volume, FEV
07.046

用力呼吸　labored breathing, forced breathing
07.011

优势半球　dominant hemisphere　03.221

优先重吸收　preferential reabsorption　09.023

★ 游离水清除率　free water clearance　09.055

有效不应期　effective refractory period
06.033

有效滤过压　effective filtration pressure
06.074

有效意识时间　time of useful consciousness,
TUC　12.017

有氧代谢　aerobic metabolism　10.020

有氧代谢能力　aerobic capacity　12.101

右旋筒箭毒　d-tubocurarine, dTC　02.035

诱导　induction　03.119

诱导蛋白　induced protein　11.104

诱发电位　evoked potential　03.237

★ 诱发冬眠　induced hibernation　10.058

余味　after taste　04.176

雨蛙肽　caerulein　08.069

育龄　reproductive life　11.165

阈刺激　threshold stimulus　01.046

阈电位　threshold potential　02.008

阈下刺激　subthreshold stimulus　01.049

阈下反应　subthreshold response　01.051

阈值　threshold　01.045

原色　primary color　04.092

远侧肾单位　distal nephron　09.006

远端小管　distal tubule　09.017

远距分泌　telecrine　11.008

远视　hypermetropia　04.063

月节律　lunar rhythm　11.023

月经　menstruation, menses　11.167

月经初潮　menarche　11.168

月经周期　menstrual cycle　11.166

允许作用　permissive action　11.032

运动病　motion sickness　12.025

运动单位　motor unit　02.054

运动感觉　kinesthetic sense　04.168

运动感受器　kinesthetic receptor　04.169

运动神经元　motor neuron　03.173

运动生理学　athletic physiology　12.099

运动试验　exercise test　12.109

晕船　sea sickness　12.052

★ 晕机　airsickness　12.024

孕激素　progestogen　11.146

孕酮　progesterone　11.147

Z

载体　carrier　01.039

再适应　readaptation　12.006

★ 甾类激素　steroid hormone　11.017

暂时联系　temporary connection　03.263

暂时性阈移　temporary threshold shift, TTS
04.136

早感受器电位　early receptor potential, ERP
04.076

噪声性听力减退　noise-induced hearing loss
12.037

造血干细胞　hemopoietic stem cell　05.082

造血器官　hematopoietic organ　05.088

造血生长因子　hemopoietic growth factor
05.091

造血[诱导]微环境　hemopoietic [inductive]

microenvironment, HIM　05.090

造血祖细胞　hemopoietic progenitor cell
05.083

增大　augmentation　03.128

增大反应　augmenting response　03.241

增量调节　up regulation　11.030

增强　potentiation, enhancement　03.127

增殖期　proliferative phase　11.182

闸门电流　gating current　01.032

闸门控制学说　gate-control theory　04.045

摘除　removal, extirpation　11.219

战栗产热　shivering thermogenesis　10.046

张力感受器　tension receptor　04.026

张力速度关系　tension-velocity relation
02.087

张力-速度曲线 tension-velocity curve 06.079

振动感觉 vibration sensation 04.038

镇痛 analgesia 04.044

阵发式分泌 episodic secretion 11.051

整合作用 integration 03.007

正常体温 normothermia (拉) 10.025

正反馈 positive feedback 01.035

正后电位 positive after-potential 02.011

正视眼 emmetropia 04.059

正相睡眠 orthodox sleep 03.248

* 正压呼吸 pressure breathing 12.021

支气管收缩 bronchoconstriction 07.054

支气管舒张 bronchodilatation 07.055

知觉 perception 03.143

脂双层 lipid bilayer 01.023

直肠温度 rectal temperature 10.028

直接测热法 direct calorimetry 10.022

直捷通路 thoroughfare channel, preferential channel 06.092

直立性低血压 orthostatic hypotension 06.148

直小血管 vasa recta (拉) 09.021

植入 implantation 11.196

* 植物性神经系统 autonomic nervous system, vegetative nervous system 03.186

指令神经元 command neuron 03.033

止血 hemostasis 05.047

致密斑 macula densa (拉) 09.037

中耳传递函数 transfer function of middle ear 04.145

中耳肌反射 middle ear muscle reflex 04.146

中耳声阻抗匹配 acoustic impedance matching of middle ear 04.144

中间神经元 interneuron 03.106

中间叶促皮质样肽 corticotropin-like intermediate peptide, CLIP 11.070

中枢 center 03.013

中枢化学感受器 central chemoreceptor 07.099

中枢吸气性活动 central inspiratory activity 07.096

中枢延搁 central delay 03.138

中枢抑制 central inhibition 03.107

中心静脉压 central venous pressure, CVP 06.066

中心视力丧失 central light loss, CLL 12.030

中央脑系统 centrencephalic system 03.253

中央视觉 central vision 04.049

终板电位 end-plate potential, EPP 02.051

终池 terminal cistern 02.062

终末呼出气 end-expiratory gas 07.082

重力感受器 gravity receptor 04.166

周边视觉 peripheral vision 04.050

周边视力丧失 peripheral light loss, PLL 12.031

周期性呼吸 periodic breathing 07.029

轴浆流 axoplasma flow 02.055

轴浆运输 axoplasmic transport 02.056

轴流 axial flow 06.055

轴-树突触 axo-dendritic synapse 03.043

轴-体突触 axo-somatic synapse 03.042

轴突反射 axon reflex 06.141

轴-轴突触 axo-axonic synapse 03.044

昼夜节律 circadian rhythm, diurnal rhythm 11.022

昼夜体温变动 diurnal thermal variation 10.040

主动脉弓压力感受器反射 aortic baroreflex 06.127

* 主动脉神经 depressor nerve, aortic nerve 06.130

主动转运 active transport 01.040

主反应 primary response 03.238

柱状组构 columnar organization 03.185

注视 visual fixation 04.107

抓握反射 grasping reflex 03.195

状态反射 attitudinal reflex 03.197

锥体外系统 extrapyramidal system 03.096

锥体系统 pyramidal system 03.095

准备电位 readiness potential 03.224

* 准备运动 warming up 12.115

着床 nidation 11.195

姿势反射 postural reflex 03.175

姿势协调 postural coordination 03.161

子宫内膜周期 endometrical cycle 11.181

子宫周期 uterine cycle 11.180

自动节律性 autorhythmicity, automaticity

06.037

自动去极化　spontaneous depolarization 06.044

自发呼吸　spontaneous respiration　07.024

自感用力度　perceived rate of exertion, PRE 12.111

自律细胞　autorhythmic cell　06.027

自身受体　autoreceptor　03.056

自身调节　autoregulation　01.020

自身突触　autapse　03.039

自我刺激　self-stimulation　03.207

自携式水下呼吸器　self-contained underwater breathing apparatus, SCUBA　13.084

自由水清除率　free water clearance　09.055

自主神经系统　autonomic nervous system,vegetative nervous system　03.186

自主性体温调节　automatic thermoregulation 10.038

总和　summation　03.122

总和电位　summating potential　04.151

α阻断　α-block　03.232

阻力血管　resistance vessel　06.083

阻尼血管　damping vessel　06.082

阻塞　occlusion　03.117

阻抑区　suppressor region　03.152

组构　organization　03.006

组织胺加重试验　augmented histamine test 08.015

★ 组织凝血激酶　tissue thromboplastin 05.057

组织气体交换　tissue gas exchange　07.062

组织液　tissue fluid　05.008

最大刺激　maximal stimulus　01.048

最大呼气流量　maximal expiratory flow, MEF 07.047

最大摄氧量　maximal oxygen uptake　12.104

最大舒张电位　maximum diastolic potential 06.032

最大随意通气　maximal voluntary ventilation, MVV　07.045

最大体力劳动能力　maximal physical work capacity, PWC_{max}　12.107

最大氧耗量　maximal oxygen consumption 12.105

最后公路　final common path　03.113

最适刺激　optimal stimulus　01.047